城市公共开放空间
URBAN PUBLIC OPEN SPACE

街道设计指南
STREET DESIGN GUIDELINES

中交第四航务工程勘察设计院有限公司
CCCC–FHDI ENGINEERING CO.,LTD.

中交城市投资控股有限公司　　　　主编
CCCC URBAN INVESTMENT HOLDING CO.,LTD.

中国建筑工业出版社

图书在版编目（CIP）数据

城市公共开放空间街道设计指南 = URBAN PUBLIC
OPEN SPACE STREET DESIGN GUIDELINES / 中交第四航务
工程勘察设计院有限公司，中交城市投资控股有限公司主
编. — 北京：中国建筑工业出版社，2022.6
　ISBN 978-7-112-27371-3

　Ⅰ.①城… Ⅱ.①中… ②中… Ⅲ.①城市道路—建
筑设计—指南 Ⅳ.①TU984.191-62

中国版本图书馆CIP数据核字（2022）第079858号

　　本书以城市公共开放空间街道的设计为主题，围绕引导"从道路到街道的转变"的目标，编写了"特色街道空间设计原则""街道空间形式类型及典型街道类型设计""街道空间优化设计的参考模式"等内容，构成了未来街道营造的完整指引，是一本实用、具有重要参考价值的设计指南。主要内容包括指南概述、街道空间功能定位与发展目标、特色街道空间设计原则、街道空间形式类型及典型街道类型设计、街道空间优化设计的参考模式、设计实施建议、附录。本书可作为相关设计人员参考用书，也可作为相关专业师生的教学用书。

责任编辑：杜　　川
责任校对：芦欣甜

城市公共开放空间街道设计指南
URBAN PUBLIC OPEN SPACE STREET DESIGN GUIDELINES
中交第四航务工程勘察设计院有限公司
中交城市投资控股有限公司　　主编

*
中国建筑工业出版社出版、发行（北京海淀三里河路9号）
各地新华书店、建筑书店经销
北京锋尚制版有限公司制版
临西县阅读时光印刷有限公司印刷
*
开本：965毫米×1270毫米　1/16　印张：21¼　字数：927千字
2022年9月第一版　　2022年9月第一次印刷
定价：**208.00**元
ISBN 978-7-112-27371-3
　　（39522）

本书编审委员会

前言

　　"街道空间" 是城市空间最为基本的骨架，是城市公共开放空间中唯一与城市各功能区、各板块、各业态均有紧密联系的城市空间要素。街道不仅承载着交通通行和基础设施的重要功能，同时也是与城市居民密切相关的公共活动场所，是城市历史、文化的重要空间载体，是人们获取城市印象、寄托城市情感的重要对象。

　　近年来，国内外对街道设计的关注度持续提升，**以人为核心的品质化设计逐渐成为未来的发展趋势**。十二届全国人大五次会议中提出城市建设管理**"应该像绣花一样精细"**，城市精细化管理，要重点关注和提高与人相关的城市可持续性和宜居性，下足绣花功夫，从一针一线缝起，从一点一滴做起，**"织出"更安全有序的城市运行，"缝出"更温馨亮丽的城市空间**。中共中央、国务院印发《关于进一步加强城市规划建设管理工作的若干意见》，提出**"推动发展开放边界、尺度适宜、配套完善、邻里和谐的生活街区"**。街道不限于仅作为车辆、行人通行的基础设施，应更加关注人们的交往与互动，寄托人们对城市的情感和印象，满足市民对于街道生活和社区归属感的向往。街道将被赋予更多的角色，承载更多的使命，**迫切需要推动"道路"向"街道"人性化的转变**。

　　随着国家城镇化进程的加速和国家推进新型城镇化建设的战略，城市综合开发已成为各地新城建设的重要模式。城市综合开发应遵循以人为核心的新型城镇化战略，紧抓人文城市、宜居城市、韧性城市、绿色城市、智能城市建设重大机遇，以更加科学的理念规划城市，以更加创新的模式建设城市，**打造"产城相融、宜居宜业、智慧绿色、以人为本、和谐共享"的现代新型城区，打造特色的城市风貌和品牌，赋能城市发展和人居美好生活**。

　　《城市公共开放空间街道设计指南》作为城市综合开发项目重要的公共产品指引，围绕引导"从道路到街道的转变"的目标，编制了"特色街道空间设计原则""街道空间形式类型及典型街道类型设计""街道空间优化设计的参考模式"三大核心内容，共同构成未来街道营造的完整指引，提供了一套城市综合体开发项目标准化、高效化和一体化的城市街道空间体系。

目录

第三章　特色街道空间设计原则

第四章　街道空间形式类型及典型街道类型设计

第五章 街道空间优化设计的参考模式

第六章 设计实施建议

第七章 附录

1

GUIDE BRIEF
INTRODUCTION

第一章　指南概述

第一章 指南概述

1.1 背景与意义

1.1.1 街道空间背景及历史沿革

◇ 西方国家

最早期，在人本主义和自然主义思想的主导下，街道弯曲窄小，但具有非常丰富的公共活动空间。公元前世纪，古希腊先哲希波丹姆在希波战争后的城市恢复建设中，提出网格城市规划模式。基于人本和自然主义的"有机"城市和理性主义的"网格"城市成为后世西方城市建设的范式。

此时的街道既是交通运输的动脉，同时也是组织市井生活的空间场所，人们可以在这里游玩、购物、闲聊交往。

文艺复兴时期，致力于体现秩序、几何规则的理想城市的探索，欧洲中世纪街道给人的亲切尺度开始疏离，住宅与街道中间的亲密关系开始逐渐分离。

到了汽车时代，街道的性质有了质的变化。在过去的一个世纪，在工业革命、机动交通的普及和现代主义思想影响下的城市建设中，城市大道成为城市空间的主角，街道逐渐退居幕后，行人逐渐失去了出行优先权。人车混行、车速过快等问题突出，行人的安全性受到威胁，街道逐渐失去活力。

20世纪上半叶，由于现代主义和两次世界大战的影响，西方国家的街道空间和街道生活曾几乎走向了死亡，传统的、舒适的街道景观一度消失。

1966年美国《国家历史保护法案》的颁布引发了街道复兴，同期欧洲也开始对商业街道进行改造。1976年，共享空间概念首次以居住区共享街道（Residential Yard）的形式在荷兰出现，并明确了街道的角色："街道的首要功能不应该是车行道和停车场，而应该是步行和休闲娱乐"。20世纪70年代中期，这个概念影响了相邻的欧洲国家，如丹麦、德国、瑞士、美国等，许多国家相继采纳共享街道导则与规范，以加强居住区邻里环境的宜居性。同时，西方学者也开始质疑此前的规划理论，渴望唤醒街道活力。

1923年的纽约街道

2019年的纽约街道

我国早在公元前 2000 年前，已有可以行驶牛、马车的道路。我国古人认为宇宙天体是"天圆地方"的空间形态，在这种观念的影响下，城市（都城）按照星象与大地和天空中的星系组织成一个整体，位于国土的中心。在封建礼制背景下，中国传统城市街道尤其是都城，形成了"皇权大道"和市民街巷两个体系。

我国真正意义上的街道形成于唐宋之际，总体来说唐代长安的城市内有"街"但无"市"，街道空间功能单一，生活内容较少。宋代作为中国传统城市街道空间发展的一个分界点，取消了封闭的里坊制度，使街道不但具有交通功能，还形成了**繁华的商业街市**，成为城市居民日常生活的公共空间。

自 20 世纪初汽车输入中国以后，城市规划理论下的街道设计宗旨变为如何最大程度容纳交通工具并保持顺畅，而不是让街道焕发生机。**以"车本位思维"为主导**的道路设计造成了城市街道空间品质的下降。

改革开放以来，随着旧城改造的深入，对街道的处理有了更臻完善的做法，众多城市开始将街道作为**城市的主要生活环境**进行设计。上海市于 2016 年出版了中国首部城市型街道导则《上海市街道设计导则》，推动了国内对于街道设计导则的实践探索。

1983 年的深南大道

2019 年的深南大道

反思的声音

"汽车交通的剧烈增长和现代主义城市规划思想，将城市空间与城市生活置于一端而不顾，导致了缺乏人气的无活力城市。"

——简·雅各布斯《美国大城市的死与生》

"采用增加道路通行能力来改善交通拥挤情况会更糟。"

——当斯·托马斯悖论

"街道的功用并不仅仅是让人们能够方便地从一个地方到达另外一个地方，街道是组成公共领域的最主要因素，其他任何城市空间都望尘莫及。"

——阿兰·B·雅各布斯《伟大的街道》

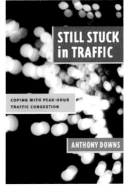

"如何对城市中人的关心，是成功获得更加充满活力的、安全的、可持续的且健康的城市的关键；这是 21 世纪追求的具有重要意义的所有目标。"

——扬·盖尔《人性化的城市》

1.1.2　街道价值

街道空间是城市空间最为基本的骨架

■ 街道空间作为城市公共开放空间中唯一与城市各功能区、各板块、各业态均有紧密联系的城市产品，是城市街道交通功能和基础设施的重要承载空间。

■ 街道空间是城市居民关系最为密切的公共活动场所，是城市历史、文化的重要空间载体。

■ 街道空间是人们获取城市印象、寄托城市情感的重要对象。

■ 中共中央、国务院印发《关于进一步加强城市规划建设管理工作的若干意见》，提出"推动发展开放边界、尺度适宜、配套完善、邻里和谐的生活街区"。规划建设满足人民美好生活需要的街道是中央城市工作的具体要求，因此需要在"建设"与"管理"两端着力，转变城市发展方式、完善城市治理体系、提高城市治理能力，重点关注和提高与人相关的城市发展可持续性和宜居性。

1.1.3 转型与创新

通过对街道建设元素的品质提升，从元素风格、材质、与周边环境的匹配、造价等因素上，提高街道建设档次。从人性化、智能化角度出发，突出以使用者感受为主导的街道建设思路，使街道的使命从**"交通设施"转变为"城市场所"**，使街道的服务对象从**"汽车主导"转变为"人本体验"**。

从"交通设施"转变为"城市场所"

从"汽车主导"转变为"人本体验"

1.1.4 街道愿景

在"城市总体规划"和"城市设计"等规划文件的基础上，结合项目的土地利用规划、建设目标、地方文化理念等因素，对城市道路红线空间、城市道路整体风貌、城市道路与周边功能区域衔接等进行精细化设计，推动街道的"人性化转型"，使城市街道达到风貌突出、功能完善、交通顺畅、空间合理、景观优美、设施齐全等标准，打造具有特色风格的高质量城市街道空间。

1.2 指南应用方法

1.2.1 应用路径

　　街道设计指南作为城市综合开发项目重要的公共产品标准，通过规范化、标准化的管理语言，起到连接上位规划和具体设计的作用。指南向上可反作用于概念规划、控制性详细规划、城市设计等，向下可指导相关具体项目的设计编制。

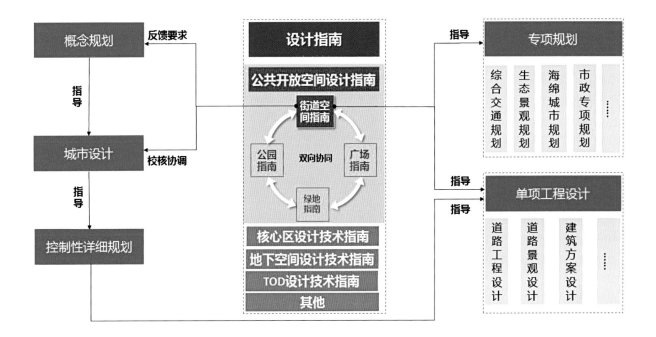

1.2.2 应用阶段

　　指南将**反作用于概念规划、控制性详细规划、城市设计**等，对道路及其退界空间进行指引建议，预留实现街道高品质建设所需的空间尺度。

　　指南**适用于城市综合开发项目的概念规划、控制性详细规划、城市设计和道路与建筑设计阶段**。

　　指南的内容对应了新城从规划走向建设（含专业设计施工）的全周期情景。

1.2.3 应用范围

　　指南**适用于城市综合开发项目范围内的城市道路、部分地块内部的公共性通道**。不包括穿越新城及周边的高速公路。

　　指南指引的范围包括**步行活动空间、附属功能设施、沿街建筑界面、交通功能设施**等。

1.2.4 使用对象

　　指南的**使用人群包括参与街道规划设计、建设和管理相关环节的人员**。

　　主要涉及专业包括：策划规划、市政道路、景观设计、建筑设计等。

　　应用的部门包括：与城市综合开发项目相关的建设及管理公司、规划设计单位等。

1.2.5 设计图解

1. 第四章设计图解

A

　　街道大类： 本指南按照道路功能类型进行叙述，分别有生活型、商业型、交通型、景观型、工业型、综合型和特定型七个大类。

B

　　街道类型： 在道路大类下，采用统一格式的跨页，分别对不同的街道类型进行叙述。类型名称后的字母是该类型的代号，对应 4.5.2 节"体系构建"表格的内容，后接街道类型的定义和特征的总述。

C

　　沿街活动： 阐述在该类型街道沿街发生的活动类型以及简要的设计建议。

　　必要活动： 该街道类型所承载的主要活动，决定了基本的配套设施。

　　可有活动： 该街道类型可以拓展的其他活动，设计时可按具体需要筛选，进一步提升街道的活力。

　　退界空间形式： 街道功能和活动类型决定了沿街界面的开放程度，详见 5.4.1。

　　道路设计速度： 该街道类型的参考设计速度范围，与道路等级相关，是断面尺寸确定的重要依据，应根据实际情况进行选择。

　　行道树种植形式： 该街道类型建议选用的行道树种植形式将影响街道通行能力，详见 5.8.3 节。

D

　　设计原则： 进行该街道类型具体设计时应遵循的原则。优先实施原则是该街道类型需要严格遵循的、具有最高优先级的设计原则；弹性控制原则是有条件的情况下，该街道类型可以酌情实施的、具有灵活度的设计原则。

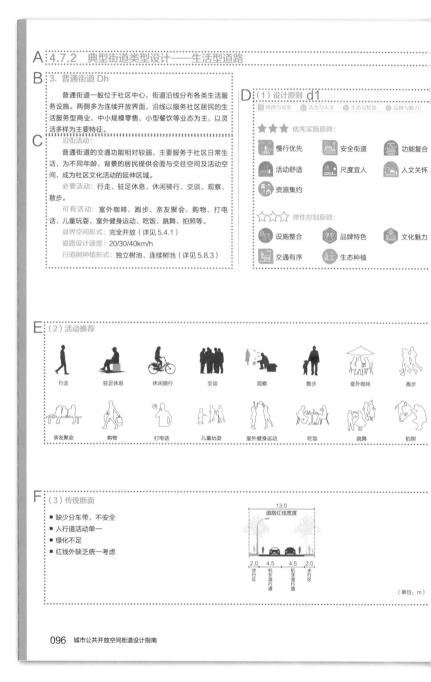

d1

　　设计原则图例： 四种不同的符号形状分别代表四大设计原则分类，与第 3 章对应，具体原则内容参见第 3 章。

E

　　活动推荐： 实色填充的图标为必要活动；空心线描的图标为可有活动。图标内容与 C 部分的文字论述对应。

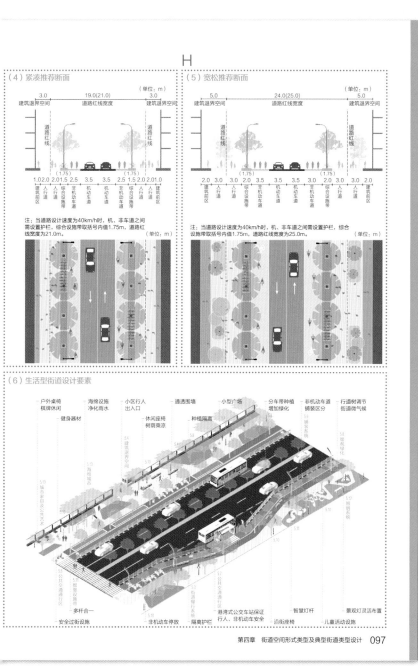

H

（4）紧凑推荐断面

注：当道路设计速度为40km/h时，机、非车道之间
需设置护栏，综合设施带取括号内值1.75m，道路红
线宽度为21.0m。（单位：m）

（5）宽松推荐断面

注：当道路设计速度为40km/h时，机、非车道之间需设置护栏，综合
设施带取括号内值1.75m，道路红线宽度为25.0m。（单位：m）

（6）生活型街道设计要素

G

　　紧凑推荐断面：适用于土地资源有限、道路红线和建筑退界空间较窄的街道。紧凑断面在满足基本街道活动需求的同时，对土地的利用更集约，成本更经济。

　　紧凑推荐平面：与断面相对应，提供平面的参考。

H

　　宽松推荐断面：适用于土地资源充足、道路红线和建筑退界空间较宽的街道。最优断面能够容纳更丰富的街道活动和城市绿化，呈现更好的景观效果，塑造更鲜明的城市特色。

　　宽松推荐平面：与断面相对应，提供平面的参考。

　　标注：图中所标注的数据皆为本指南推荐的、较为适宜的尺度，实际工作中可以根据具体情况适当浮动。但在浮动时，应注意以下列出的街道要素，避免尺度取值小于列出的最小数值：

- 人行道：2.0m[1]
- 自行车道：2.5m[1]
- 设施带：1.5m[1]
- 分车带：1.5m[1]
- 建筑前区：1.0m[2]

[1]《城市道路工程设计规范（2016年版）》 CJJ 37-2012

[2]《街道设计标准》DG/TJ08-2293-2019、 J14694-2019

J

　　街道设计要素：每个道路大类出现一次，以轴测图的形式展现该道路大类典型的街道场景，索引并总结相关的设计要素。

　　标注：黑色字阐述设计要素内容，绿色字索引该要素对应后文第5章展开详细论述的章节号。重复的章节名称仅标注一次。

F

　　传统断面：断面图总结并展示该类型街道的现状普遍形式，文字总结传统断面需要注意并予以改进的问题。

2. 第五章设计图解

A

　　模块类别：整个第 5 章将第 4 章中所提及的景观设计要素根据不同的功能、几何构成和设施类型归纳了 11 个模块，分别为街道慢行系统、建筑退界空间、道路交叉口、公共交通通行区、过街设施区、景观绿化、铺装系统、城市家具及公共艺术、智慧设施带、照明系统、海绵城市。

　　每一个模块分开阐述，此处为模块标题以及二级标题。可清晰看到每一个模块所包含的二级子项目。

B

　　总体指引：对该模块内容提出一个总的要求及定性。

C

　　设计原则：进行该模块设计时应遵循的主要设计原则。与第 3 章的特色街道空间设计原则、第 4 章街道空间形式类型及典型街道类型设计中的设计原则相呼应。

A

5.3　模块一：街道慢行系统

5.3.1　机、非共板模式
5.3.2　机、非、人分板模式

B **总体指引：**

　　慢行系统需做到路径连续通畅、空间开放共享、设施友好完善以及人文展示充分等要求。

■ 人行道应结合街道空间统筹考虑设置，安全便捷，连续贯通，并保证通行区域平整，避免不必要的高差。宽度必须满足行人安全通过的要求，并应设置无障碍设施。

■ 鼓励开放退界空间与道路红线内的慢行系统进行一体化设计。人行道与公园、广场、交通站点相接时，按照一体化设计原则有机协调、统筹布置。

■ 有条件的街道，可设置独立于市政道路的非机动车专用道或人行道，连接各种城市公园、大型公共场馆等，形成特色慢行系统。

■ 非机动车道应连续、便捷和安全，应根据道路的类型合理的设置非机动车道的位置和宽度，在交叉口处设置非机动车专用过街通道。

C

 交通有序　 慢行优先　 安全街道

 尺度宜人　 人文关怀

模块各项数据汇总表：将模块中所涉及的所有类项的数据用表格的形式汇总出来，方便使用者更好、更快地查阅到所需要的数据内容。

5.3.1 机、非共板模式
5.3.2 机、非、人分板模式

慢行系统断面控制表

序号	道路功能	道路等级	街道类型		慢行系统建议模式	机、非分隔形式	红线范围内慢行系统（最小值）	
							人行道宽度（m）	非机动车道宽度（m）
1	生活型	主干路	Bh	生活大道	人、非、机分板	绿化带	2~4	2.5/3.5
					机、非分行	护栏		
2		次干路	Ch	生活次路	机、非分行	护栏	2~3	2.5/3.5
					人、非、机分板	绿化带		
3		支路	Dh	普通街道	机、非分行	交通划线	2~3	2.5/3.5
					机、非混行	混行	2~3	——
4	商业型	主干路	Bs	商业大街	人、非、机分板	绿化带	2~5	2.5/3.5
					机、非分行	护栏		
5		次干路	Cs	商业干道	机、非分行	护栏	2~4	2.5/3.5
					人、非、机分板	绿化带		
6		支路	Ds	商业街巷	机、非分行	交通划线	2~3	2.5/3.5
7	交通型	快速路	At	快速路	人、非、机分板	绿化带	2~3	3.5
8		主干路	Bt	交通主干	人、非、机分板	绿化带	2~3	3.5
9		次干路	Ct	交通次干	机、非分行	护栏	2~3	2.5/3.5
					人、非、机分板	绿化带		
10	景观型	主干路	Bj	景观大道	人、非、机分板	绿化带	2~3	3.5
11		次干路	Cj	景观干道	人、非、机分板	绿化带	2~3	3.5
					机、非分行	护栏		
12		支路	Dj	休闲街道	机、非分行	交通划线	2~3	2.5/3.5
13	工业型	主干路	Bg	工业大道	人、非、机分板	绿化带	2~3	2.5/3.5
14		次干路	Cg	工业干道	人、非、机分板	绿化带	2~3	3.5
					机、非分行	护栏		
15		支路	Dg	园区支路	机、非分行	交通划线	2~3	2.5/3.5
16	综合型	主干路	Bz	综合大道	人、非、机分板	绿化带	2~5	2.5/3.5
					机、非分行	护栏		
17		次干路	Cz	综合次路	机、非分行	护栏	2~4	2.5/3.5
					人、非、机分板	绿化带		
18		支路	Dz	综合街道	机、非分行	交通划线	2~3	2.5/3.5
					机、非混行	混行	2~3	——
19	特定型		Fx	步行街	仅限人行	——	——	——
20			Tx	公交走廊	——	——	——	——
21			Wx	滨水慢行道	仅限人行	——	4.5~6	1.5/2.5 跑步道

■ 对不同类型和等级的道路断面布置提出实施建议，便于导则使用者快速准确地利用导则原则进行断面选择。

■ 在主要商业街、商业广场、车站、公交枢纽及轨道交通站点周边，以及其他人流、非机动车道流量较大的场所周边，非机动车道和人行道尺寸应选用大值。

A

    模块类别：此处为模块标题以及二级标题。

B

    二级子项：此处为二级标题及其释义（该项内容的解释说明）。

C

    三级标题：此处为二级子项里面所包含的三级子项目。可清晰地看到二级子项里面包含的子项。

D

    管控目标：该项管控内容所要达到的目标。

A

5.3.1　机、非共板模式
5.3.2　机、非、人分板模式

B **5.3.1　机、非共板模式**　**C**　1. 机、非分行　2. 机、非混行

机、非共板模式是机动车道与非机动车道之间无高差、共用一个板块的模式。
根据非机动车与机动车的相对位置关系和交通组织模式，机、非共板模式可分为机、非混行及机、非分行两种形式。

D 管控目标：

- 在路面上通过分行栏杆或交通划线等措施，对道路通行区域进行分隔，实现快慢分行、安全运行。
- 可在机动车流量较小的生活街道、综合街道采用机、非混行模式，集约利用空间和控制车辆速度，并作为非机动车道路进行管理，赋予非机动车高于机动车的路权，优先满足步行和非机动车的通行空间，通过管控措施限制机动车行驶速度，保障慢行安全。

E **1. 机、非分行**

鼓励在条件允许的道路上，设置独立的非机动车道，通过分行栏杆或交通划线等措施，保障非机动车的骑行安全。非机动车道的最小宽度不宜小于 2.5m，单向通行的非机动车专用道不宜小于 3.5m。

F
- **空间尺寸：**扣除机动车道后单侧路面宽度 ≥2.5m；人行道净宽 ≥1.5m；绿化（设施带）宽度 ≥1.5m。
- **建议适用道路类型：**Ch 生活次路、Dh 普通街道、Cs 商业干道、Ds 商业街巷、Ct 交通次干、Dj 休闲街道、Dg 园区支路、Cz 综合次路、Dz 综合街道。
- **设计速度 ≥40km/h 时，**需设置硬质隔离，保障非机动车安全。
- **布局形式：**道路中心线向外分别为：车行道—非机动车道—绿化（设施带）—人行道。

G

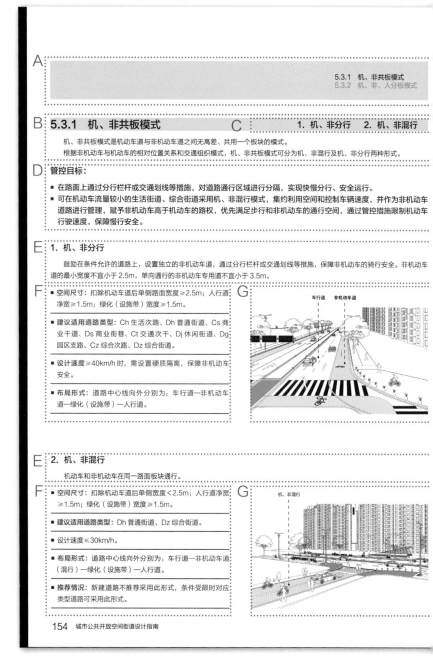

E **2. 机、非混行**

机动车和非机动车在同一路面板块通行。

F
- **空间尺寸：**扣除机动车道后单侧宽度 <2.5m；人行道净宽 ≥1.5m；绿化（设施带）宽度 ≥1.5m。
- **建议适用道路类型：**Dh 普通街道、Dz 综合街道。
- **设计速度 ≤30km/h。**
- **布局形式：**道路中心线向外分别为：车行道—非机动车道（混行）—绿化（设施带）—人行道。
- **推荐情况：**新建道路不推荐采用此形式，条件受限时对应类型道路可采用此形式。

154　城市公共开放空间街道设计指南

5.3.2 机、非、人分板模式

机、非、人分板模式为机动车、非机动车和行人分别在不同的板块通行。

通过绿化带、路缘石高差等对道路空间进行分割，适用于道路红线较宽，交通量较大，设计速度较高的情况，最大限度确保安全和通行效率。

管控目标：

- 根据道路类型和空间设计条件，通过设置侧分带，实现对行人、非机动车和机动车的有效分流。

- 空间尺寸：侧绿化带宽度≥1.5m；非机动车专用道≥3.5m；绿化（设施带）宽度≥1.5m；人行道净宽≥1.5m。

- 建议适用道路类型：Bh 生活大道、Bs 商业大街、At 快速路（迎宾大道）、Bt 交通主干、Bj 景观大道、Cj 景观干道、Bg 工业大道、Cg 工业干道、Bz 综合大道。

- 布局形式：道路中心线向外分别为：车行道—侧绿化带—非机动车道—绿化（设施带）—人行道。

E

    三级子项：三级标题及其释义（该项内容的解释说明）。

F

    管控要点：对该项管控内容的核心技术要求逐点列举，或以表格形式呈现，便于查阅使用。附有注意事项，对容易出错的要点进行提示预警。

G

    示意图片：通过对街道空间场景中的要点展示，直观表达管控要点。

H

    意向图片：实际场景案例意向图片。

1.3 指南的承接关系与意义

1.3.1 指南与相关规划规范的关系

1. 与行业相关标准的关系

《城市道路工程设计规范（2016年版）》CJJ 37—2012
《城市道路交叉口规划规范》GB 50647—2011
《城市道路交通工程项目规范》GB 55011—2021
《城市综合交通体系规划标准》GB/T 51328—2018
《城市步行和自行车交通系统规划标准》GB/T 51439—2021
《城市人行天桥与人行地道技术规范》CJJ 69—1995
《城市工程管线综合规划规范》GB 50289—2016
《城市道路绿化规划与设计规范》CJJ 75—1997
《城市园林绿化评价标准》GB/T 50563—2010

本指南遵守道路（街道）行业相关标准规范的要求。

本指南不是现有规范的替代物，而是对相关规范的协调、补充和完善。

本指南可作为城市综合开发项目中新城街道设计的依据。实际使用中如与国家规范、行业标准、地方标准中的强制性条文有出入的，应以各规范的强制性条文为准。与各规范中的非强制性条文及地方规定有出入的，应尽量贯彻指南要求，但在实际执行中，可结合具体情况，留有弹性。

2. 与上位规划的关系

本指南将反作用于概念规划、控制性详细规划、城市设计，**反馈街道空间的要求，校核协调城市设计。**

3. 与地方技术规定的关系

本指南可作为城市综合开发项目的指引，应重点参考指南中所制定的理念、原则以及断面形式，应尊重地方的相关技术规定及当地导则所控制的主要指标。

1.3.2 指南与规划设计编管体系的关系

  本指南可为深化、细化专项规划设计提供指引及技术参考，对具体完成方法、内容形式提出要求，同时为打造特色的城市风貌和品牌形象提供指引。

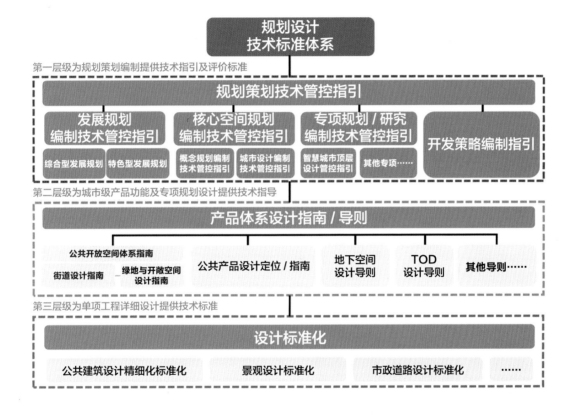

  ■ **第一层级：为规划策划编制提供技术指引及评价标准**
  第一层级是对项目中具有**方向性，战略性**及**结构性**的工作内容进行技术指引，匹配城市综合开发项目的开发逻辑与业务需求，为城市综合开发项目的策划、规划编管工作提供评价标准。
  ■ **第二层级：为城市级产品功能及专项规划设计提供技术指导**
  深化、细化城市级的专项规划与设计指引，站在**中观层面**对城市级的产品提出更高更合理的功能诉求。为体现先进的产品理念提供技术指导，对具体完成方法、内容形式提出要求。
  ■ **第三层级：为单项工程详细设计提供设计标准**
  制定单项工程的**详细设计、建设标准**，为单项项目的使用精细化与建设质量保障提供标准依据。

1.3.3 指南对城市综合开发项目品质提升的意义

党的十八大以来，以习近平同志为核心的党中央多次强调以人民为中心的发展理念，并在十二届全国人大五次会议中提出城市建设管理"应该像绣花一样精细"。要重点关注和提高与人相关的城市发展可持续性和宜居性，应时时处处以百姓之心为心，以百姓需要为出发点，下足绣花功夫，从一针一线缝起，从一点一滴做起，"织出"更安全有序的城市运行，"缝出"更温馨亮丽的城市空间。

中国交通建设股份有限公司作为全球领先的特大型基础设施综合服务商，一直坚持以"让世界更畅通、让城市更宜居、让生活更美好"为愿景，秉承"固基修道、履方致远"的企业使命，坚守"交融天下、建者无疆"的企业精神，在坚持落实"创新、协调、绿色、开放、共享"五大发展理念的同时，一直致力于让城市道路建设实现风貌突出、功能完善、交通顺畅、空间合理、景观优美、设施齐全的高质量体系要求，打造具有特色风格的城市道路建设名片。

街道空间作为城市公共开放空间中唯一与城市各功能区、各板块、各业态均有紧密联系的城市产品，在现代城市生活中，日益被赋予了多重角色。

一条理想的街道，不仅仅是供车辆、行人通行的基础设施，还应该有助于促进人们的交往与互动；能够寄托人们对城市的情感与印象；有助于推动环保、智慧的新材料、新技术的应用；有助于增强城市魅力和激发经济活力。

在街道空间被赋予更多的使命意义下，构建丰富多彩的生活场景和生活体验，展现地域特色与文化，体现城市风貌，建设高品质公共空间，提升城市活力与竞争力显得尤为重要。

············· *对传统项目进行赋能升级，指导城市综合开发项目体现人本文化、品质化、智慧化、智能化，推动环保、智慧的新材料、新技术的应用，激发经济活力，打造美丽、智慧街道空间，体现城市综合开发项目品质。*

············· *通过价值策划、价值实现、价值提升创造繁荣新城。树立"产城相融、智慧绿色、以人为本、和谐共享"的具有辨识度的城市综合开发项目品牌。*

1.3.4 指南的意义

目前城市街道在设计理念方面过于偏向机动车交通，忽略慢行交通，缺乏街道一体化设计理念；在街道形态及活力方面，街道与两侧建筑风貌不协调，街道空间界面、尺度不宜人，街道沿街界面功能业态与周边功能定位不匹配；在街道特色方面，对历史文化的挖掘和展示不够；在街道管理方面，缺少街道规划、设计、建设、管理一体化统筹指引。

本指南统筹完整街道空间的形态、功能、交通、文化和设施等各个方面因素，指导城市街道空间设计工作的开展，并提供相关技术指引。在项目规划、城市设计阶段提出宏观要求，确保项目规划与城市综合开发理念契合、风貌契合；在街道设计阶段提出微观要求，指导理念落地。

指南通过建立城市综合开发项目公共开放空间产品标准，实现向上可反作用于概念规划、控制性详细规划与城市设计，向下可指导相关具体项目的设计编制。

同时指南可便于城市综合开发项目规划、建设、管理人员和设计单位在项目全生命周期内进行更好地管理，打造高品质的城市风貌和品牌，促进城市综合开发项目构建标准化、高效化和一体化的城市街道空间体系。

最后，指南可为企业建设舒适、安全、生态、宜人、智慧、富有活力的高品质城市街道空间提供指引，提升城市竞争力与吸引力。

社会效益

指导城综项目转型与创新，从人性化、智能化角度出发，突出以使用者感受为主导的街道建设理念，使街道的使命从"交通设施"转变为"城市场所"，使街道的服务对象从"汽车主导"转变为"人本体验"。

成果的设计策略和导引有助于设计者、建设者、管理者和使用者从更广的视角来认识街道，用更多元的手段来塑造街道；使得街道能促进人们的交往与互动，寄托人们对城市的印象与情感，满足市民对于街道生活的向往和对社区生活的归属感，使街道成为具有"场所精神"的魅力空间。

惠及民众，提高生活品质。民众权利难保障，民生问题难解决，一直是街道治理的一大痛点。基于"社区多元化、个性化、品质化服务"的理念，打造全新的智慧型街道，集便民、安全、环保、品质提升于一体，着重加强社会服务体系全方位的建设。

2

PROGRAM POSITIONING AND DEVELOPMENT GOAL OF THE STREET SPACE

第二章 街道空间功能定位与发展目标

第二章 街道空间功能定位与发展目标

2.1 街道空间与城市的联系

2.1.1 街道空间与城市公共开放空间的联系

"街道空间"作为整个"城市公共开放空间"的重要组成部分，在整个公共开放空间系统中起到"骨架"的作用，将各个分散在城市中的公共开放空间有机地串联起来，形成一个完整的城市公共开放空间体系。

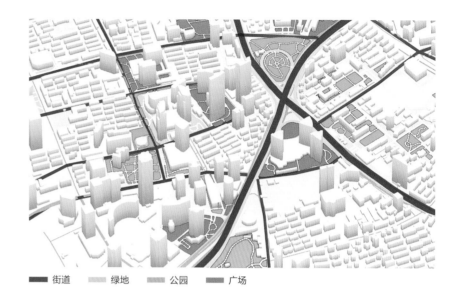

▬ 街道　▬ 绿地　▬ 公园　▬ 广场

2.1.2 街道空间与周边地块功能的联系

不同类型的街道交织组合形成城市路网，这些路网分割出来的地块又被赋予了不同的用地性质，所以街道空间必然会途经各种用地功能的地块。在遇见不同功能属性的地块时，街道空间的功能诉求会产生变化，也就形成了不同类型的街道。

▬ 街道　▬ 居住区域　▬ 科研教育区域　▬ 商业区域　▬ 商务区域　▬ 体育区域

2.1.3 街道空间与街道周边业态分布的联系

街道作为一种线性空间，临街界面会出现多种多样的业态分布类型。当街道途经不同类型的业态时，街道空间的尺度及功能分布均应进行调整，以使得街道空间感受更加合理、更加宜人。

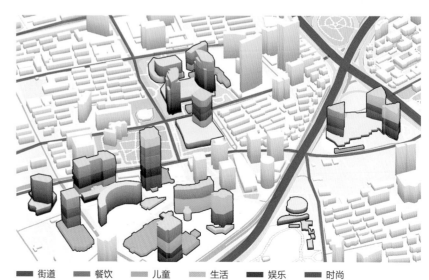

▬ 街道　▬ 餐饮　▬ 儿童　▬ 生活　▬ 娱乐　▬ 时尚

2.2 街道空间的基础功能

街道的基本功能包括通过功能、到达功能和场所功能。我国现有的各类道路规划及设计规范只考虑了前两者，而完整的街道应全面覆盖三大功能。

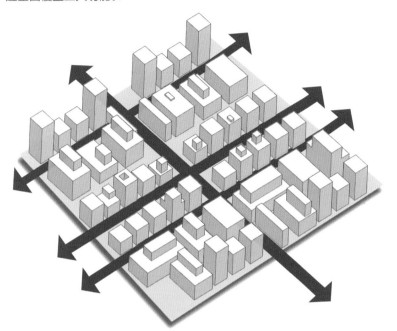

2.2.1 通过功能

通过功能是指沿街道可以实现有效率的移动，强调通过速度。

2.2.2 到达功能

到达功能是指能从街道直接进入两侧用地，强调的是到达的便捷程度。

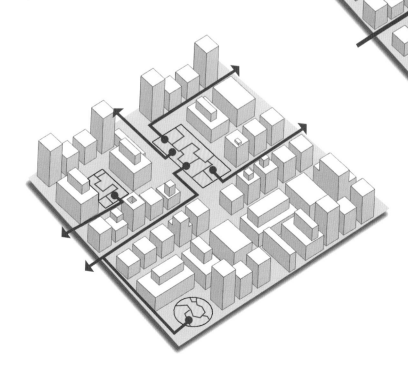

2.2.3 场所功能

场所功能指街道承载经济和社会活动的功能，强调的是街道两侧的功能活动和空间体验。

2.3　街道空间的构成要素

　　本指南重点对街道空间内与人的活动相关的要素进行设计引导，这些要素主要可以划分为交通功能设施、步行活动空间、附属功能设施与沿街建筑界面四大类型。星级代表本指南对该要素的关注程度，星级越高则关注程度越高。

2.3.1　步行活动空间 ★★★★★

退界空间
道路红线

2.3.2　附属功能设施 ★☆☆☆☆

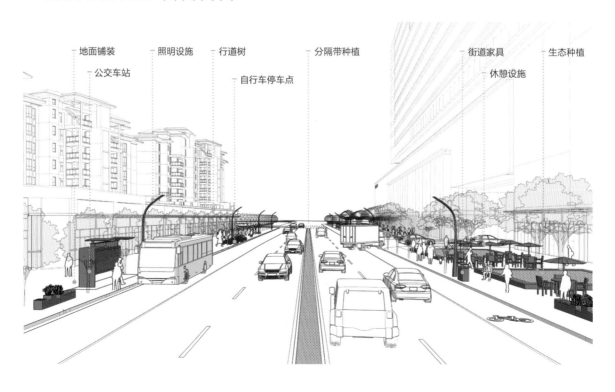

地面铺装　　照明设施　　行道树　　　分隔带种植　　　街道家具　　生态种植
　公交车站　　　　　　　　自行车停车点　　　　　　　　休憩设施

2.3.3　沿街建筑界面 ☆☆☆

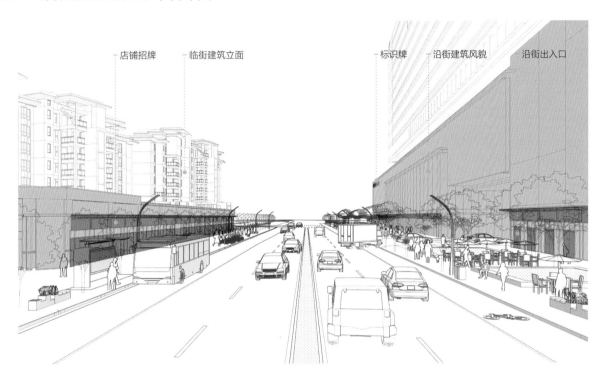

店铺招牌　临街建筑立面　　标识牌　沿街建筑风貌　沿街出入口

2.3.4　交通功能设施 ☆☆

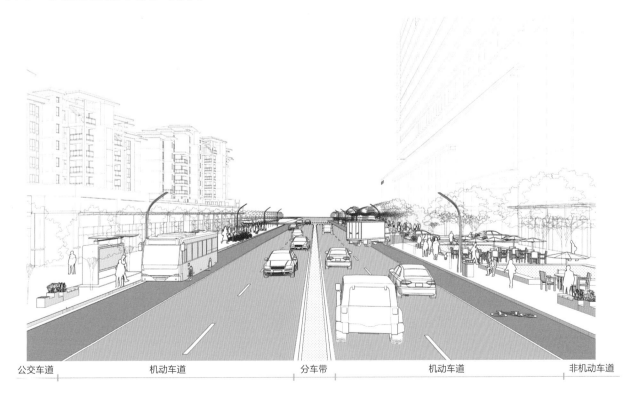

公交车道　　机动车道　　分车带　　机动车道　　非机动车道

2.4 确定街道空间发展目标与理念

2.4.1 目标——"从道路到街道的转变"

2.4.2 理念与导向 ——"振兴新城街道生活，塑造具有共同价值导向的高品质街道空间"

以车为本

严格红线

封闭界面

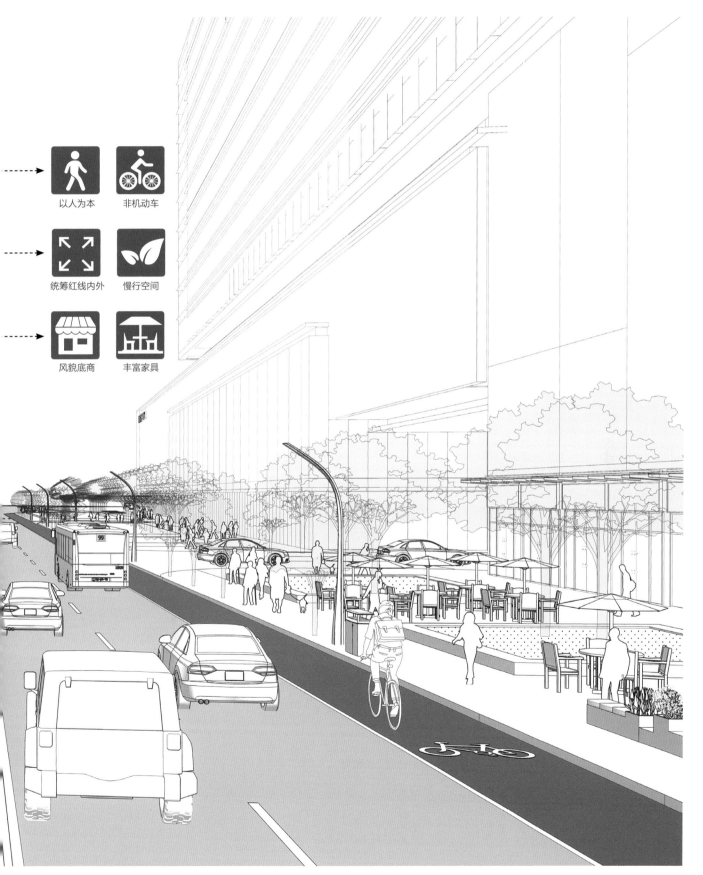

以人为本　　非机动车

统筹红线内外　慢行空间

风貌底商　　丰富家具

2.4.3 "完整街道"概念

　　完整街道要求通过合理的规划、设计、运营和维护，确保所有的街道使用者，包括步行、骑自行车、驾驶汽车、乘坐公共交通工具或运送货物的人，无论采用何种交通方式，都能安全、方便、舒适地出行。实现完整街道需要全面考虑各方面的设计元素。

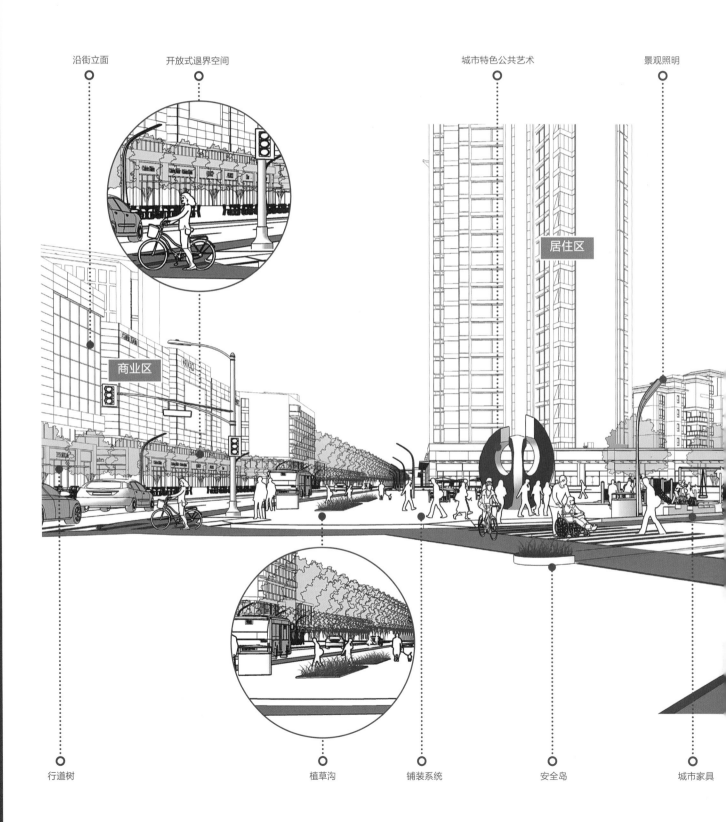

沿街立面　　　　开放式退界空间　　　　　　　　　　城市特色公共艺术　　　　景观照明

居住区

商业区

行道树　　　　　　　植草沟　　　铺装系统　　　　安全岛　　　　城市家具

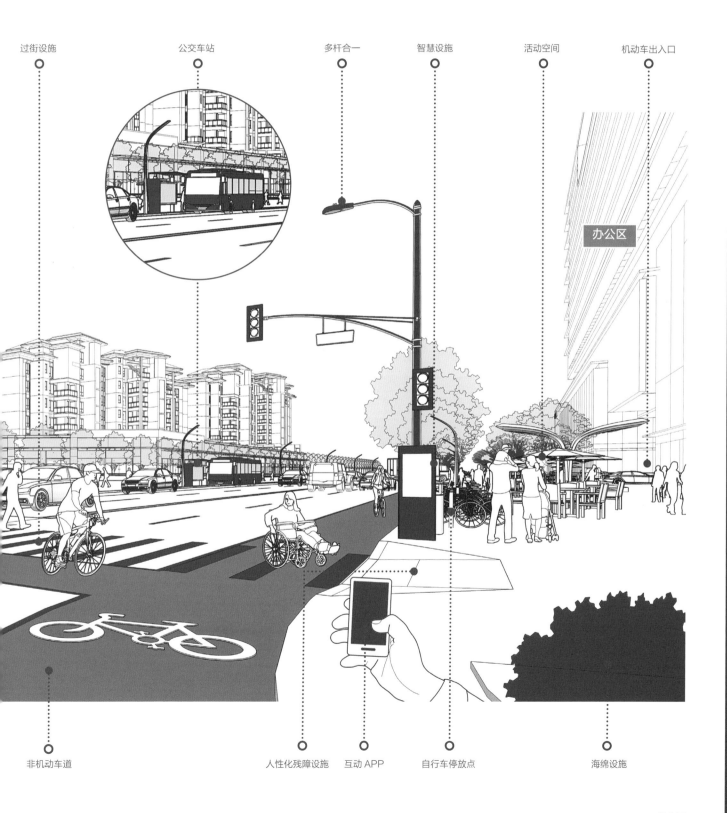

过街设施　　公交车站　　多杆合一　　智慧设施　　活动空间　　机动车出入口

办公区

非机动车道　　人性化残障设施　　互动 APP　　自行车停放点　　海绵设施

2.5 国内外街道营造趋势研究与总结

2.5.1 慢行系统

城市道路根据不同交通层级、沿街界面、周边功能等先决条件，会有不同的车行和慢行需求。以下国内外案例都在一定程度上平衡了人车需求，在满足交通流量的同时，优先慢行系统，采用交通稳静化设计、优化过街设施、增加沿街休憩社交空间等措施，保障慢行体验，鼓励绿色出行，丰富了街道活动。

1. 多层次的城市大道：Passeig de Sant Joan Boulevard，巴塞罗那，西班牙

- **有序的人车交通**：行人和公共交通优先，人行道加宽，设置公交车专用道和自行车道，车道靠路中，远离行人；
- **丰富的视觉体验**：宽阔的人行道提供了多样的休憩场所，配合特色植物种植，衬托两侧的历史建筑；
- **舒适的活动空间**：丰富的绿化、街道家具和开放的沿街界面为人行空间承载更多活动提供可能。

2. 保障安全的路口：Choriton Street，曼彻斯特，英国

- **人行慢行优先**：机动车过街采取稳静化设计，保证行人和自行车优先通行，自行车待转区在机动车之前；
- **安全的过街设施**：行人和自行车过街通道用不同铺装明确区分，形成环路，设置安全岛，控制车辆转弯半径，降低车速。

3. 复合功能的社区街道：Bell Street，西雅图，美国

- **合理的街道尺度**：压缩车流量较小的社区街道的车行空间，控制车速的同时，增加了绿化和休憩空间，实现街道的人车共享；
- **复合的社区功能**：开放的街道界面与人行区产生互动，非高峰时段限制车行，多样的空间形态可供周围社区举行活动。

2.5.2　特色风貌

　　街道风貌展现着城市的定位、文化历史内涵和人文关怀，是城市形象和居住体验的重要组成部分。从国内外案例可以看出，统一协调而富有个性的街道需要首先明确定位目标，对沿街建筑界面、设施、绿化等进行统一管理、持续维护和及时更新，才能使得街道更好地融入城市生活，承载城市记忆，展示城市风采。

1. 代表性的城市门户：深南大道，深圳，中国

- **展现城市定位：** 深南大道作为城市精神的窗口，见证了深圳的改革进程：从快速发展到生态文明建设，从通行的基础设施到森林城市和世界花城的代表；
- **示范性城市风貌：** 引领城市绿色出行、生态廊道的推广，串联城市核心，发展新的人文脉络。

2. 文化历史的载体：中山四路，重庆，中国

- **鲜明的城市历史风貌：** 挖掘当地历史，最大限度保留了沿线历史建筑和特色行道树，设定统一风格，对现状建筑进行立面整治；
- **文化元素延续：** 新建筑延续历史语言，融入现代空间尺度，采用了环保的透水铺装和独具设计的街道家具。

3. 人性化的街道：新加坡

- **行人服务设施齐全：** 沿街设置大量雨棚连廊、过街桥、坡道和绿化，进行人车隔离，提升行人体验，鼓励步行；
- **关怀覆盖所有人群：** 充分考虑残障人士、老年人和儿童的需求，设施便捷，保障安全；
- **标识清晰：** 地面涂装鲜明易懂，提供了明确的规则和方向指引。

2.5.3　绿色生态

　　随着环境问题日益凸显，生态优先的街道设计成为国内外流行的趋势。设计应当充分考虑街道设施结合生态设计的可能性，利用科学的种植和环保技术，配置雨水花园、植草沟等生态设施，优化城市生态；同时，对街道进行合理的空间划分，提高土地利用率，鼓励公共交通和慢行交通的绿色出行方式，推进城市的绿色发展。

1.　低影响开发的绿色街道：NE Siskiyou，波特兰，美国

- **绿色海绵设施**：将路缘石区域向路面延伸，形成植草沟，收集街道的雨水径流，减缓流速的同时帮助雨水下渗，补充地下水。新的基础设施还有生态教育的功能，带来不同的美学价值；
- **生态种植**：植草沟内种植的特定耐水植物，通过根系吸收污染物将雨水径流进一步净化，并提高了渗透率。

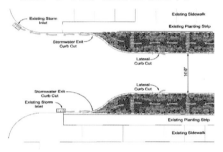

2.　集约设计的绿色街区：Sant Antoni 街区，巴塞罗那，西班牙

- **集约的街区公共空间**：重新规划车行和人行体系，将街区合并为更大的步行城市单元，部分车行道被重塑为人行广场，形成了新的公共空间；
- **灵活模块化的城市家具**：环保材料制成的街道家具单元，依照图案网格设计，易于组合叠加，能够提高市民的参与度，灵活适应各种活动需求。

3.　生态绿色的林荫大道：宪法大道，堪培拉，澳大利亚

- **绿色出行**：承担高密度过境交通的同时，用种植进行严格的人车分流，强调慢行系统的安全便捷，完善公交设施，营造舒适的步行空间；
- **出色的种植**：林荫大道两侧搭配色彩丰富、层次多样的植物，在不同的季节呈现出不同的景观。植物与座椅巧妙结合，增加绿化覆盖的同时营造了绿意盎然的氛围。

2.5.4 智慧系统

城市街道的智慧系统不仅利于解决现实中的城市问题，整合与更新现有设施、提升日常生活的便捷度，更兼顾对未来城市系统的探索，通过监测设施收集和分析城市数据，导向未来城市设计的决策。近年来，国内外案例积极推进和尝试街道智慧设施的创新，力图用智慧让城市更宜居。

1. 便捷的智慧服务：LinkNYC 智慧面板，纽约，美国

- **行人出行的信息辅助：** 交互式显示屏提供各类交通信息和生活资讯，一键报警系统保障行人安全，组成了城市中的智能网络；
- **便民服务设施：** 配备 USB 充电口、公共电话和免费 WiFi 信号，方便居民和游客的出行。

2. 多杆合一的智慧设施：智慧道路共同杆，深圳，中国

- **街道设施高度整合：** 合并路灯、信号基站、视频监控、信息牌等功能为一体，节约空间，使得街道整洁有序；
- **公共环境的智能管理：** 通过人工智能识别和传感器来监测和统筹管理道路市政服务设施，智能调整照明亮度，协调公共交通运行，为城市提供智慧支持。

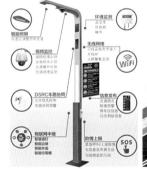

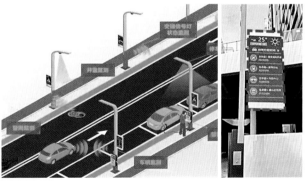

3. 智能环境监测：Array of Things 传感器，芝加哥，美国

- **环境监测的大数据网络：** 依托现有城市设施安装传感器，捕捉城市的物理环境、人车流量等信息，从宏观和微观的视角监测城市的健康状况；
- **交互式获取城市信息：** 居民、研究人员和决策者能够开放地访问城市数据，对未来的城市规划产生积极的影响。

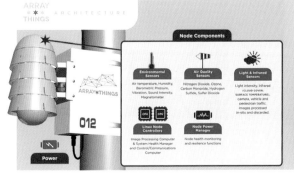

2.6 中交文化体系

2.6.1 中交文化

中国交建坚持以"**让世界更畅通、让城市更宜居、让生活更美好**"为愿景，秉承"**固基修道、履方致远**"的企业使命，坚守"交融天下、建者无疆"的企业精神，正在努力打造成为全球知名工程承包商、城市综合开发运营商、特色房地产商、基础设施综合投资商、海洋重工与港机装备制造集成商，率先建成世界一流企业。

1. 中交深空蓝

蓝色源自海洋和天空，象征理想与创造，是博大、深邃的色彩语言。以深蓝色作为公司的标准色，象征中交作为中国交通基础设施建设行业旗舰所具有的高科技、现代化、基础性、大型化等特征。该色**可作为统一点缀色，形成城市家具系列化特征**。

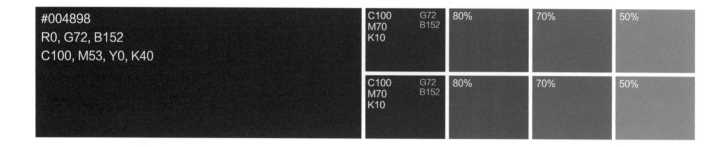

| #004898 R0, G72, B152 C100, M53, Y0, K40 | C100 M70 K10 | G72 B152 | 80% | 70% | 50% |
| | C100 M70 K10 | G72 B152 | 80% | 70% | 50% |

2. 中交 LOGO

中国交建的企业 LOGO 由 4 个大写字母 C 组成，既是英文名的缩写，又形似甲骨文的"行"字，同时四个"C"相交，得到一个中心点，说明以交建为中心，以交建的技术，将基础设计建设工程向四面八方辐散开来，也体现了公司无限的创造力和巨大的成长空间。**可直接使用或通过元素提取、图形演绎等将其运用于城市家具**。

3. 中交印象元素

"桥、岛、港、隧、城、路"是最能代表中交企业印象的六大元素。**街道设施设计可结合六大元素意向。**

桥

港珠澳大桥

北盘江大桥

岛

海口湾南海明珠人工岛

港珠澳大桥东人工岛

港

广州南沙港

巴基斯坦瓜达尔港

隧

终南山公路隧道

港珠澳大桥海底隧道

城

宁波奉化城市转型示范区

汕头东海岸新城

路

广西百色至靖西高速公路

中国援巴布亚新几内亚独立大道

2.6.2 中交色彩体系

统一的中交色彩体系，主要应用于标识设计、家具设施等富于变化的场景，能够增加中交企业新城项目的整体辨识度，提高品牌影响力。色彩体系以中交标准色为主，可选用一组中交辅助色为点缀，也可选用中交标准色的明度色相衍生色卡进行搭配组合。

1. 中交标准色

以深蓝色作为公司的标准色，象征中交作为中国交通基础设施建设行业旗舰所具有的高科技、现代化、基础性、大型化等特征。**可作为统一点缀色，形成城市家具系列化特征。**

中交蓝
#004898
R0, G72, B152
C100, M53, Y0, K40

| R0 G72 B152 | 80% | 70% | 50% |
| R0 G0 B0 | 56% | 13% | 0% |

2. 中交辅助色

为满足不同场合和环境的色彩识别需要，可视情况选择一组辅助色搭配标准色使用，形成跳色对比，起到活跃气氛的作用。因辅助色颜色较鲜艳，建议避免使多组辅助色同时出现，影响整体效果。

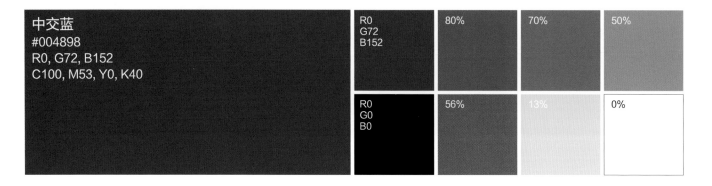

中交蓝 R0, G72, B152	中交蓝 R0, G72, B152	中交蓝 R0, G72, B152	中交蓝 R0, G72, B152	中交蓝 R0, G72, B152	中交蓝 R0, G72, B152	中交蓝 R0, G72, B152
宽博蓝 R0, G160, B217	朝阳红 R230, G0, B32	金辉黄 R250, G191, B20	昌盛绿 R0, G141, B80	长城灰 R114, G113, B114	专色金 R169, G134, B204	专色银 R201, G201, B203
R139, G163, B198	R100, G0, B57	R255, G241, B0	R70, G176, B53	R234, G227, B208		
R10, G49, B144	R30, G27, B53	R240, G131, B31	R0, G156, B116	R200, G20, B200		

3. 色彩明度 & 色相搭配

在中交标准色的基础上，衍生而来不同明度和色相的色彩应用和色彩参考数值，形成了较为统一的色彩组合丰富应用场景色彩。

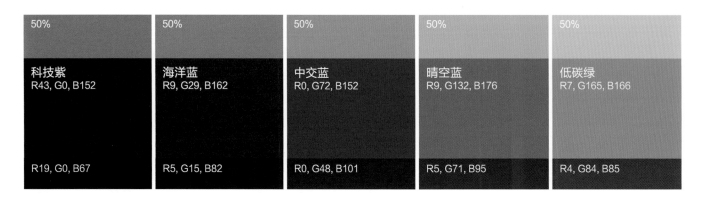

50%	50%	50%	50%	50%
科技紫 R43, G0, B152	海洋蓝 R9, G29, B162	中交蓝 R0, G72, B152	晴空蓝 R9, G132, B176	低碳绿 R7, G165, B166
R19, G0, B67	R5, G15, B82	R0, G48, B101	R5, G71, B95	R4, G84, B85

2.6.3 中交文化视觉符号

中交文化视觉符号从中交 LOGO 的视觉语言出发，结合城市投资公司五种主要业务意向进行延伸和抽象，形成独具特色的中交文化印象，可应用于中交新城项目的各类标识和街道设施设计中。

1. 中交 LOGO 视觉符号

由中交集团 LOGO 提取元素，衍生出抽象的独立符号和组合图案，强化具有中交 LOGO 特色的风貌。

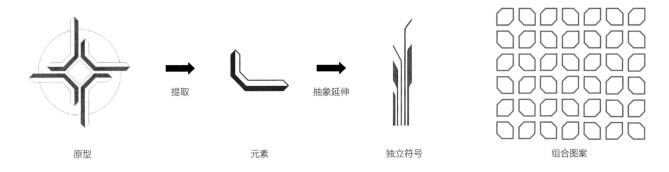

原型　　　　　　提取　　　　　元素　　　　抽象延伸　　　独立符号　　　　　　　　组合图案

2. 城市综合开发项目的印象视觉符号

提取城市投资公司五种业务"城市综合开发业务、房地产开发业务、产业发展服务、基础设施投资和金融业务"作为印象视觉符号原型，与中交 LOGO 语言相结合，形成四组**独立符号**和**组合图案**，在不同类型的项目中，选用对应的视觉符号，展现企业形象。

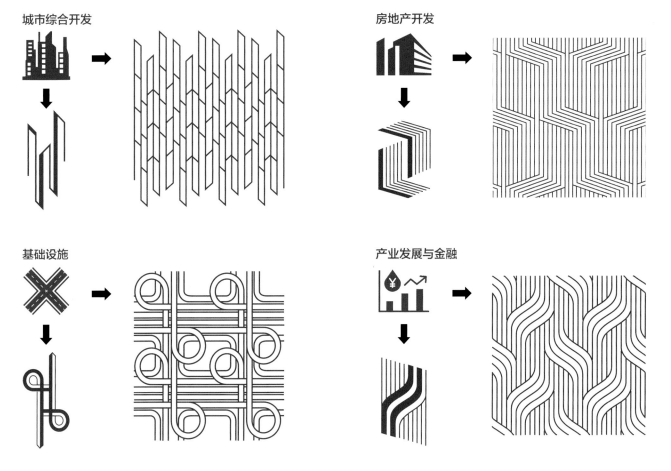

城市综合开发　　　　　　　　　　　　　　　房地产开发

基础设施　　　　　　　　　　　　　　　　　产业发展与金融

2.6.4 中交文化与地域文化融合

融合中交文化元素和新城地方特色，建立新城城市品牌视觉体系，能够宣扬中交文化，同时体现地方文化。此处以中交川渝地区项目为例，展示新城视觉体系搭建的工作流程。

新城的文化体系根植于地方特色文化。因此建立新城城市品牌视觉体系的第一步，是**挖掘和提取有代表性的地方文化特征**。根据过往经验，可以从传统文化、古文字文化和新城产业文化三个方面进行提取，对文化意向进行抽象和符号化处理。

第二步，将抽象出的地方文化符号，**融合上一章节给出的中交文化视觉符号和中交色彩体系**，构建以新城 LOGO、新城印象装饰纹理、新城印象造型形态和新城印象主题颜色为核心的四大视觉要素。每种要素所包含的设计选项数量按照项目需要决定。

第三步，将融合中交文化与地方特色的视觉要素，**应用于城市家具等新城街道模块要素的具体设计中**。

本章以中交川渝地区项目为例展示新城视觉体系搭建的工作流程和方法，在具体项目中，可按照该工作流程，深化地方导则要求，完善设计框架，推进设计深度，实现风貌统一、辨识度高的中交新城视觉体系。

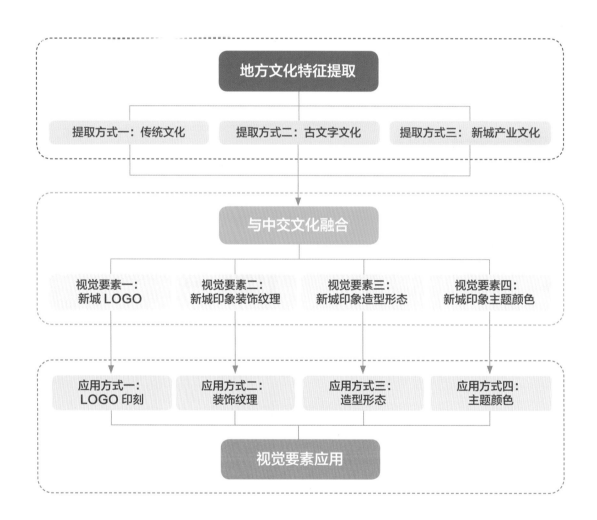

1. 地方文化提取

地方特色文化，可以从传统文化、古文字文化和新城产业文化等方面进行挖掘，提取视觉形象。

（1）提取方式一：传统文化

选取地方传统文化代表，提取抽象造型，简化演变为具有文化内涵的装饰符号。此处提取传统民居的青瓦屋顶造型，和当地考古出土的文物造型，组合成富有特色的装饰图案。

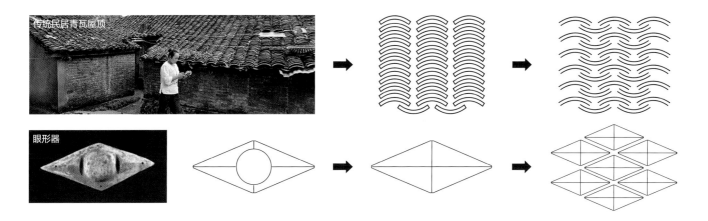

（2）提取方式二：古文字文化

地名的诞生往往承载着深远的文化典故，古文字造型抽象，含义丰富，适合形成鲜明的符号。当地的古蜀文明没有系统文字，于是我们选取了同时期出现的两种文字，即甲骨文和金文，作为其文化印记。

四川：川之名始于唐。北宋年间将地处今四川盆地一带的川峡路分为益州路、梓州路、利州路和夔州路，合称为"川峡四路"，简称"四川"。

（3）提取方式三：新城产业文化

新城创建之初，除了挖掘当地文化，其崭新的产业规划也是展现未来发展风貌的窗口。产业文化可抽取其具体意向，也可选取主题颜色作为代表。此处展示新城代表性产业组成的主题色卡。

科创产业
科技灰
#e4e6ea
R228, G230, B234
C3, M2, Y0, K8

物流产业
物流灰
#6b6c6e
R107, G108, B110
C3, M2, Y0, K57

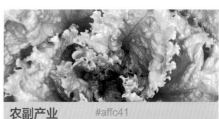

农副产业
蔬果绿
#affc41
R175, G252, B65
C31, M0, Y74, K1

2. 中交文化融合

中交文化形象与地方文化融合，形成新城 LOGO、装饰纹理、造型形态和主题颜色四大视觉符号，展现中交新城风貌和文化底蕴。

（1）视觉要素一：新城 LOGO

分别提取中交文化形象和地方文化要素，相结合形成新城形象 LOGO。此处展现中交川渝地区项目 LOGO，融合"川"的甲骨文、中交集团 LOGO，结合当地田园风水本底形象，代表了其跨越古今的文化特色。

（2）视觉要素二：新城印象装饰纹理

选取城市综合开发项目视觉印象符号的一种，与"川"的甲骨文相结合，形成可以重复的装饰图案。

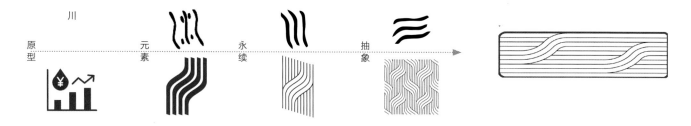

（3）视觉要素三：新城印象造型形态

将抽象的川和中交 LOGO，与自然本底肌理相融合，形成造型单元。

（4）视觉要素四：新城印象主题颜色

采用中交深空蓝为基调，补充代表传统文化的古蜀国主题色，与新城产业主题色一起，共同组成新城印象主题色。

中交深空蓝	古蜀国青铜色	古蜀国金色	科创产业科技灰	物流产业物流灰	农副产业蔬果绿
#004898 R0, G72, B152 C100, M53, Y0, K40	#65c7c6 R101, G199, B198 C49, M0, Y1, K22	#fabf14 R250, G191, B20 C0, M24, Y92, K2	#e4e6ea R228, G230, B234 C3, M2, Y0, K8	#6b6c6e R107, G108, B110 C3, M2, Y0, K57	#affc41 R175, G252, B65 C31, M0, Y74, K1

3. 视觉要素应用

视觉要素在新城设计中的应用，可以从 LOGO 印刻、装饰纹理、造型形态、主题颜色等方面进行体现，搭配一到三种方式应用于街道家具等设计，形成统一而有力的新城形象视觉体验。

（1）应用方式一：LOGO 印刻

新城 LOGO 可以雕刻或涂刷在**各类街道家具、车挡、护栏、公交车站、电箱、标识牌、雕塑小品、售卖亭、智慧设施等**表面强化品牌形象。此处举例 LOGO 应用于垃圾箱、标识牌、变电箱的设计。

（2）应用方式二：装饰纹理

新城印象装饰纹理可以通过镂刻、涂刷等方式，应用于**各类街道家具、特色铺装、岛头、路缘石、车挡、护栏、公交车站、艺术井盖、电箱、灯具、树池、标识牌、雕塑小品、售卖亭、智慧设施等**表面。此处举例装饰纹理在护栏设计中的应用。

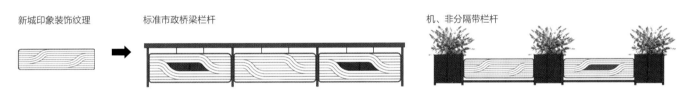

（3）应用方式三：造型形态

新城印象造型形态可作为**街道家具、特色铺装、车挡、公交车站、灯具、标识牌、雕塑小品、售卖亭、智慧设施等**设计的造型原型，统一的风貌可加强对新城品牌的印象。此处举例一系列应用了不规则倒角造型原型的街道家具设计。

（4）应用方式四：主题颜色

新城印象主题色可应用于**铺装、街道家具、车挡、护栏、公交车站、电箱、灯具、标识牌、雕塑小品、售卖亭、智慧设施等**设计，作为主体色彩，或者辅助点缀色彩。此处举例两种应用中交蓝的非机动车道铺装设计。

2.7 相关项目研究与总结

2.7.1 道路营造案例

1. 珠海横琴新区及一体化地区街道设计

　　项目地处珠海横琴新区，以传承珠海市新中心的城市定位、树立珠海街道标杆为目标，打造具有港澳特色、安全高效、宜居智能、绿色生态的城市道路，来实现绽放活力、彰显特色、标识品质、融入自然的设计愿景。设计理念从人的需求出发，鼓励街道活动，让街道成为公共空间。

（1）项目亮点

- **人、机、非分离**：人、机、非用绿化带隔离，并用铺装加以区分，保障各方安全。
- **街道有分区**：人行道不只有通行功能，还划定了活动区域，鼓励街道生活的发生。
- **特色的植物选取**：种植适宜当地气候、造型独特的本土植物，塑造珠海特色的滨海城市景观。
- **充足的绿化**：路中隔离带和路边绿化带提供了充足的种植空间，大量乔木在人行道和非机动车道形成树荫。
- **丰富的海绵设施**：设置多种下凹式绿地，配合种植耐水植物、铺设鹅卵石，对雨水进行过滤，帮助下渗补充地下水，且制作的展示牌起到了知识科普的作用。
- **独具设计的街道家具**：融合当地文化符号，营造连续、特色的城市风貌。

（2）可改进点

- **局部人、非共板**：部分区域人、非共板，对行人较危险，建议设置物理隔离。
- **铺装颜色、质感的选择**：红色沥青在暴晒下易褪色，建议选用冷色；砖材缺乏特点，建议突出中交城投特色。
- **街道布局不合理**：人行道设施带绿化过窄，应保证宽度，以植物相配合。
- **街道分区模糊**：人行道和活动区铺装未作区别，没有相关设施界定用途。
- **维护不足**：植物后期维护欠佳，遮挡视线，景观品质下降。
- **设施未整合**：路灯、指示牌、交通灯分别立杆资源浪费，建议多杆合一。
- **边界处理不佳**：设计、施工时对边界的衔接欠考虑，过渡不流畅。
- **海绵设施实施不利**：海绵设施未能发挥雨水收集的作用，建议施工完成后请专业机构进行复核。

2. 宁波中交未来城门户景观型街道设计

中交未来城整体风貌定位为体现科技和艺术的、精致典雅的科创未来小城。通过塑造安全、舒适、丰富、活力、开放的公共空间环境，吸引集聚高层次人才和高端创新要素，创建未来生活示范区，为中交未来城长三角科创远端响应基地的发展目标赋能。道路设计以城市出入口景观来加强城市的门户意向，强化城市出入口的标志性与引导性。

（1）项目亮点

- **分隔带景观设计：** 路中分隔带选用造型独特的植物和石景，塑造了文化含义丰富的景观，美化了车行视角的街道环境。
- **港湾式公交车站：** 公交车站采取港湾式设计，减少公交车停站对交通带来的影响，增加行人的安全保障。
- **道路结合两侧绿化带设计：** 突破绿线整合了绿化带与人行道的景观设计，合理利用空间。
- **可停留的空间：** 人行道在绿化带侧局部拓宽设置公共座椅，供行人休息停留。
- **遮雨连廊：** 轨交与人行道之间以有顶棚的天桥连接，跨过车流，为行人提供便利。

（2）可改进点

- **局部人、非共板：** 建议采用物理分隔。
- **铺装颜色、质感的选择：** 建议选用冷色沥青和有中交城投特色的铺装。
- **缺少非机动车停车区域：** 非机动车道未设置相关的停车区域，投入实际使用时可能会造成一定的混乱。
- **分隔带景观设计未能体现未来主题：** 分隔带花坛虽然有设计，但是传统的风貌与未来城的主题不相符合。
- **无障碍过街设施：** 城市中心区域人流密集的路口，盲道应延续至过街。
- **设施未整合：** 建议多杆合一。
- **管线未整合：** 高压电线地面架设影响市容，同时具有安全隐患，建议采取管线入廊入地的措施。
- **智慧设施未落实：** 公交车站、路边指示牌等可考虑采用互动面板等智慧设施。

3. 南沙灵山岛尖滨水街道设计

南沙新城依托良好的自然本底和特有的岭南文化，按照高质量发展绿色生态建设的要求，打造宜居、宜业、宜游的示范区，以实现环境与人类友好型的实践共享。重点打造滨水岸线，通过高品质的城市规划、人性化的城市设计、优美的生态环境、活力充沛的城市氛围，引领生态宜居的城市成长，推进城市现代化建设，激发城市活力，提高城市发展质量和居民生活满意度和幸福感。

（1）项目亮点

- **步行、非机动车立体滨水慢行系统**：结合地形布置变化多样的休闲慢行网络，骑行道独立设置，穿插于景观带中。
- **丰富的活动场所**：滨水绿化带沿慢行系统布局各类停留、活动场所。
- **防洪基础设施**：利用地形塑造景观化的超级防洪堤。
- **海绵城市体系**：采用透水铺装、卵石排水沟、下凹绿地等手法吸收雨水。
- **植栽设计营造空间**：绿化带选取了造型特征强烈的本土植物，营造出丰富而立体的景观空间感受。
- **材料风格鲜明**：扶手、铺装等材质的选用突出了滨海环境的风格特色。
- **地下综合管廊**：集中铺设节约资源。
- **施工质量高**：细节施工品质高，一体化建造与周边衔接良好。

（2）可改进点

- **街道家具和小品的设计**：街道家具和景观小品缺少特色，建议根据场地文化进行设计，增加辨识度。
- **植物高维护成本**：大面积采用了维护成本高的植物景观，一旦疏于养护，视觉效果易下降，且不甚经济，建议仅在重要景观节点设置，并控制面积，其他位置采用风貌更加自然、养护要求较低的植物设计。
- **植物季相色彩设计**：道路绿化多为常绿植物，建议植栽设计考虑植物的季相变化，多采用观花、色叶植物，塑造四季不同的景观。
- **铺装特色**：砖材的选取除符合场地特征之外，建议进一步塑造中交城投特色。

2.7.2 道路案例SWOT分析

S 优势

- 世界五百强央企
- 全国各地及海外的丰富项目经验
- 全专业、全生命周期支持
- 以人为本的街道设计理念，重视慢行系统
- 重视街道整体风貌和景观的塑造
- 倡导海绵城市的理念
- 倡导街道设施智能化

W 劣势

- 未形成统一的中交城投特色
- 常采用人、非共板，对行人较危险
- 海绵设施的设计实施欠佳
- 后期维护欠佳
- 施工边界衔接欠考虑
- 绿化、人行道等宽度设置不合理
- 街道空间具体用途较模糊
- 无障碍设施不完善
- 街道设施缺乏整合
- 智慧设施尚未落实

O 机会

- 新城建设可以从早期规划介入，提高设计标准
- 城投 EPC 一体化建设团队，能够建立并贯彻品牌街道特色
- 智慧设施、高科技材料、绿色生态技术等市场逐渐成熟，产品可直接应用

T 风险

- 同类型设计单位竞争，缺乏辨识度
- 市场收缩，新城项目减少，要求提高
- 项目周期压缩，需要建立标准化提升效率

3

STREET SPACE
DESIGN
PRINCIPLES

第三章　特色街道空间设计原则

第三章 特色街道空间设计原则

3.1 秩序与安全

保障交通活动有序进行的同时，为行人提供更为安全的慢行空间。

交通有序
协调人、车、路的时空关系，促进交通有序运行。

慢行优先
维系街道的人性化尺度与通行速度，使社区内部街道共享宁静。

安全街道
提供直接便利的过街方式和可靠的街道环境，增加行人安全感。

3.2 活力与人文

塑造开放舒适、功能齐全的街道，突显空间活力与人文关怀。

功能复合
增强沿街功能复合，形成活跃的空间界面。

活动舒适
街道环境中设施便利、舒适，适应各类活动需求。

尺度宜人
街道空间有序、舒适、宜人。

人文关怀
设置盲道、缓坡、防滑铺装等设施，方便特殊人群出行，体现人文关怀。

基本理念：

坚持"以人为本"，将城市街道塑造成兼具"秩序与安全""活力与人文""生态与智慧"和"品牌与魅力"的高品质公共开放空间，复兴街道生活，打造独具特色的优质街道。

3.3 生态与智慧

复合利用土地与空间资源，打造绿色生态与全方位智能街道。

3.4 品牌与魅力

塑造具有品牌特色的街道空间，展现企业魅力。

资源集约
集约、节约、复合地利用土地与空间资源，提升利用效率与效益。

生态种植
提升街道绿化品质，兼顾活动与景观需求，突出生态效益。

绿色技术
对雨水径流进行控制，降低环境冲击，提升自然包容度。

设施整合
智能集约改造街道空间，智慧整合更新街道设施。

明星街道
打造明星街道，塑造集聚各种优点于一体的高品质街道空间，形成企业名片。

品牌特色
结合企业品牌特色与地域文化，塑造属于每个项目专属的符号与印记。

文化魅力
以街道为载体，推动企业文化与城市文明的传承与发展，突显街道的文化魅力。

3.1
秩序与安全

3.1 秩序与安全

3.1.1 交通有序

 协调人、车、路的时空关系，促进交通有序运行。

◇ **系统协调**

加强衔接城市交通规划与道路工程设计、交通管理的关系，促进道路交通功能与沿线土地使用功能的协调以及各交通模式之间的协调。

◇ **适度分离**

在满足人行过街设施配置要求及沿路上下客需求的前提下，车速较快和车流量较大的路段应设置隔离带，对机动车与路侧的非机动车及行人进行快慢分离。新建道路应避免人非共板的横断面设置。

◇ **有效分流**

鼓励就近设置平行于城市干路的非机动车道路，形成机、非分流的交通走廊，减少快慢交通冲突。

街区尺度应加强微观交通组织，通过利用地下空间、规划流线与设计出入口等相关措施来实现人车有序分流。

在高密度路网保障下，规划配对机动车单向交通，简化交通组织，改善交通秩序，提高通行效率。

◇ **优先通行**

在无信号灯控制的交叉口，通过规划警告、禁令等标识，明确并强化相交道路及各种交通主体的优先通行次序。

在有信号灯控制的交叉口，优化与完善信号相位和配时设置，减少交叉口的冲突，改善交通秩序。

3.1.2 慢行优先

 维系街道的人性化尺度与通行速度，使社区内部街道共享宁静。

◇ **车行让步**

机动车道规模：合理控制车行道数量、宽度与类型，增加慢行空间。

车速管理：根据路段和周边状况形成不同的限速要求，鼓励通过设计手段强化街道的公共空间属性，提供安全、舒适的慢行环境。

◇ **步行有道**

人行道分区：应对人行道进行分区设计，形成步行通行区、设施带与建筑前区三个区域，分别满足步行通行、设施设置及与建筑紧密联系的活动空间需求。

红线内外空间统筹利用：沿街建筑底层为商业、办公、公共服务等公共功能时，鼓励开放退界空间，与红线内人行道进行一体化设计，统筹步行通行区、设施带与建筑前区空间。

步行通行区：步行通行区宽度应协调满足步行需求，综合考虑道路等级、开发强度、功能混合程度、界面业态、公交设施等因素；对步行通行区应进行无障碍设计；设置人行天桥、过街地道、轨交站点出入口等设施时应保障步行通行区畅通；避免机动车违章占用人行道停放；步行通行与非机动车停放需求产生冲突时，优先保障步行通行需求。

设施带：将各类设施集约布局在设施带内，避免市政设施妨碍步行通行；设施带一般设置在步行通行区与车行区域之间；设施带形式和设施配置应与街道宽度以及两侧功能类型相匹配。

建筑前区：临街建筑底层提供积极功能时应合理设置建筑前区，避免步行通行与沿街活动相互干扰。

◇ **骑行舒适**

骑行网络：确保骑行网络完整、连续、便捷；根据非机动车使用需求及道路空间条件，合理确定非机动车道形式与宽度。

路权保障：促进公共交通与私人交通矛盾的解决，保障非机动车，人行通行的权利。

公交车站协调：临非机动车道设置公交车站时，应通过合理设计铺装、标识等协调进站车辆、非机动车交通、候车及上下车乘客之间的冲突。

3.1.3 安全街道

 提供直接便利的过街方式和可靠的街道环境，增加行人安全感。

◇ **街道布局合理**

过街设施间距： 合理控制过街设施间距，使行人能够就近过街。

地块出入口： 沿街地块内通道与街道衔接时，应协调进出车辆与过路行人之间的关系；应对卸货活动提供指定的空间和时间的引导，规范卸货设施，避免干扰其他街道活动。

路缘石半径： 合理控制路缘石半径，缩短行人过街距离，引导机动车右转减速。

视线通达性： 避免沿路绿化、停车遮挡视线；街道，特别是人行道应提供充足的夜间照明。

◇ **过街设施可靠**

交叉口： 交叉口优先保障平面过街，鼓励通过空间连廊或者地下通道构建立体步行系统；当车流量较小，以慢行交通为主的支路汇入主次干路时，交叉口宜采用连续的人行道铺装代替人行横道；车流较少及人流量较高的支路交叉口宜采用特殊材质或人行道铺装，可将车行路面抬高至人行道标高，进一步提高行人过街舒适度。

信号灯： 行人过街信号灯周期不宜过长或过短，绿灯时间应考虑行动不便人士的过街需求。

人行横道： 人行横道应与步行通行区对齐，宽度宜大于步行通行区；人行横道设置应该与路口行人流量以及行人过街特征相适应；人行横道与人行道衔接处应保持畅通；路口标识与信号设置应为直行行人和非机动车提供保障。

安全岛： 合理设置安全岛，缩短单次过街距离；安全岛应为驻留行人提供安全、舒适的庇护。

其他配套设施： 附属功能设施及建筑附属设施质量应坚固可靠，不得妨碍行人活动及车辆通行安全；人行道铺装应满足防滑要求。

3.2
活力与人文

3.2.1 功能复合

增强沿街功能复合，形成活跃的空间界面。

◇ **功能混合**

鼓励在街区街坊和地块进行土地复合利用，形成水平与垂直功能复合。

◇ **积极界面**

商业与生活服务街道首层应设置积极功能，形成相对连续的积极界面，单侧店铺密度宜达到每百米 7 个以上；

鼓励界面尺度与业态的多样性。

◇ **鼓励临时性设施**

非交通性街道在不影响通行需求的前提下，鼓励沿街设置商业、文化等设施。

◇ **高密度沿街出入口**

商业与生活服务街道鼓励设置密集、连续的人行出入口，保障街道活动的连续性；

增加不同功能类型的沿街出入口以提升街道活动的多样性和活跃度；

大型商业综合体沿商业街道应设置中小规模商铺，并设置临街出入口。

3.2.2 活动舒适

街道环境中设施便利、舒适，适应各类活动需求。

◇ **街道环境设施丰富**

沿路种植行道树，设置建筑挑檐、骑楼和雨棚，为行人和非机动车遮阴挡雨；

非交通性街道沿街设置公共座椅及休憩节点，形成交流场所，吸引行人驻留；

根据地区功能类型及街道活动要求，提供活动设施；

鼓励利用建筑前区域设置休憩设施或商业设施；

地下空间的地面设施应与地面空间的设施布局相协调。

◇ **活动空间合理**

鼓励商业街道和社区服务街道将建筑首层、退界空间和人行道保持相同标高，形成开放、连续的室内外活动空间；

允许沿街设置商业活动空间；

鼓励结合街道空间开展各类公共艺术活动。

◇ **步行空间连续**

设置机动车停车带及停车位时，应避免影响步行空间的连续性。停车带应慎重设置，或仅设置少量停车位来满足临时停靠的需求；

非机动车停车设施应在保障步行通畅的前提下进行合理规划设置。

3.2.3 尺度宜人

 街道空间有序、舒适、宜人。

◇ **界面有序**

街道应通过行道树、沿街建筑和围墙形成有序的空间界面；

通过建筑控制线与贴线率管控，形成整齐有序或富有节奏和韵律感，与街区功能、街道活动需求相适应的街道空间界面形态；

历史风貌街道的新建建筑应采用与历史建筑相协调的建造方式，延续空间界面特征。

◇ **人性化尺度**

街道应保持空间紧凑。支路的街道界面宽度（绝对宽度）以 15m 至 25m 左右为宜，不宜大于 30m；次干路的街道界面宽度宜控制在 40m 以内；

连续街道界面（街墙）应保持人性化的界面高度，塑造人性化的街墙尺度与宜人的空间高宽比。

◇ **空间多样性**

新建地区应尊重原有河网水系，形成丰富多样的街道线型；

鼓励形成富有特色的景观休闲街道，提升景观品质，激发休闲活动；

沿街设置街边广场绿地，形成休憩节点，丰富空间体验。

3.2.4 人文关怀

 设置盲道、缓坡、防滑铺装等设施，方便特殊人群出行，体现人文关怀。

◇ **老人关怀**

视觉通达： 应提供宽松的步行空间，将阔叶绿化植物与常绿植物相搭配，营造通透的景观视野。

设施便捷： 应设置方便安全的过街设施、密集的休憩设施和连接居住与活动空间的连廊，方便老年人出行。

标识明确： 标识应提供明确的方向感知和指引，转角处标志应鲜明。

◇ **儿童关怀**

视线通透： 保证日间光线充足，提供符合儿童身高的安全夜间照明，植物配置疏密有致。

人车隔离： 设置有一定高度的花坛。

标识易懂： 标识系统应清晰易懂。

通学优先道： 结合幼儿园、中小学的布局，提供特色标识，加强安全管理。

◇ **残疾人关怀**

坡道合理： 主要建筑出入口，以及道路交叉口需设置符合轮椅通行的坡道，在坡道和两级以上台阶的两侧应设扶手。

无障碍标志： 无障碍设施需配合设置无障碍标志，告知残疾人附近有可使用的坡道、电梯、电话等服务设施。

盲道畅通： 城市主要道路的人行道应当按照规划设置符合国家标准的盲道。任何单位和个人都不允许占用、堵塞坡道和盲道，不允许在坡道和盲道乱停车、堆放杂物。

盲人红绿灯： 在红绿灯上宜加入盲人所能识别的盲文和声音提示装置，提供斑马线方向的指示，并且加入对车辆司机起到提醒作用的夜间斑马线指示灯，确保盲人能够安全地通过人行横道。

3.3
生态与智慧

3.3 生态与智慧

3.3.1 资源集约

 集约、节约、复合利用土地与空间资源，提升利用效率与效益。

◇ **土地集约利用**

优化道路尺寸： 在满足交通、景观与活动功能需求的前提下，适当缩窄道路红线宽度，适当缩小交叉口红线半径，集约用地；根据功能分区特点，鼓励选用较小的推荐道路红线模数；平面交叉口应充分考虑安全停车视距、交叉口建筑退界、道路等级、特种车辆转弯需求等因素，合理设置转角红线圆曲线半径取值。

开发 TOD： 鼓励提高轨交站点周边土地的开发强度，进行 TOD 一体化开发，提供密集的慢行网络、充足的公共开放空间和公共服务设施配套，并对开发功能进行深度复合。

紧凑布局： 公共活动中心与混合功能区域鼓励沿街紧凑开发，在相应地区集中设置广场、绿地等公共开放空间和停车等配套设施时，可降低地块绿地率、配建停车位等指标要求。

◇ **集约设计与使用**

多功能街区： 街道空间有限时，复合设置各种设施与活动空间。可利用路侧设施带种植行道树、停放非机动车、设置商业与休憩活动空间、停车等。

预留弹性空间： 通过设置弹性空间，提高街道空间的适应性与使用的灵活性。对于同一条街道而言，可以针对工作日和周末形成不同的空间分配和使用方式；居住区街道可在夜间允许机动车占用非机动车道沿路停放。

分时利用： 历史风貌街区、商业街区中，空间紧凑、人流量较大的街道为协调步行、小汽车与货运交通冲突，可在白天或人流量较大的时间段禁止机动车通行，利用深夜和凌晨等车流量较小的时间组织货运交通，避免干扰城市交通和沿街活动。

3.3.2 生态种植

 提升街道绿化品质，兼顾活动与景观需求，突出生态效益。

◇ **增加绿化形式**

合理布局街道绿化，通过丰富绿化形式来增加街道绿量，充分发挥植物遮阴、滤尘、减噪的作用。街道绿化包括行道树、沿街地面绿化、围墙垂直绿化、街头绿地、退界区域地面绿化、盆栽、立面绿化、结合隔离设施及隔离带形成的绿化等。

◇ **合理选用行道树**

宽敞道路林荫： 鼓励有条件的街道连续种植高大乔木，形成林荫道，以提升休憩空间品质。例如景观休闲街道和宽度超过 20m、有分车带和界面连续度较低的各类街道。

紧凑道路因地制宜： 宽度小于 20m 且沿街建筑界面连续的街道，可采用大的种植间距种植高大乔木，以减少对沿街建筑的遮挡，释放人行道通行空间。

树种选择塑造城市形象： 行道树应符合适地适树的原则，选取乡土树种以及形象特色较为明显的树种。行道树是行人对道路的第一印象，而道路又常常成为城市形象的化身，因此行道树的合理选择也能优化城市形象，增加城市特色。

◇ **合理配置沿街绿化**

植物选择原则： 考虑植物的抗逆性、安全性、适应性和降噪除尘的特性，建议优先选取对环境适应性较强的行道树树种；宜优选本地植栽，通过花木及色叶植物，来增加景观层次性、色彩多样性和街道识别性。

混合搭配： 混合搭配植物，增加种植层次，降噪效果更佳。

◇ **绿化与活动相协调**

商业与生活服务街道中，绿化为人服务的作用高于景观装饰的功能。绿化内部可适当增加硬质铺装，协调景观效果与人的活动需求；建议以绿化覆盖率取代绿地率作为街道绿化评价指标，鼓励以树列、树阵、耐践踏的疏林草地等绿化形式取代景观草坪、灌木种植，形成舒适而富有活力的街道空间。

3.3.3 绿色技术

 对雨水径流进行控制，降低环境冲击，提升自然包容度。

◇ 鼓励建设海绵街道

透水铺装：人行道鼓励采用透水铺装，非机动车道和机动车道可采用透水沥青路面或透水混凝土路面。

海绵设施：鼓励沿街设置下沉式绿地、植草沟、雨水湿地，对雨水进行调蓄、净化与利用。可利用绿化带形成带状设施，或结合其他设施带实现块状布局。

雨水收集和景观一体化设计：空间较为充裕的街道，可进行雨水收集与景观一体化设计，设置较宽的雨水湿地，在暴雨时形成"城市河流"；或设置地沟作为开敞式径流输送设施，在满足海绵城市要求的同时，形成较好的景观效果。

◇ 应用绿色技术与材料

绿色的施工工艺和技术：鼓励街道设计采用绿色技术降低交通噪声，同时吸收分解汽车尾气，缓解城市热岛效应。道路施工期间应采用相应的绿色技术，降低对周边环境的影响。

鼓励耐久、可回收材料：选择街道设施材料时，应综合考虑材料的环境耐候性以及材料后期的回收和再利用。鼓励采用木材、钢材和玻璃，通过一定防腐处理或喷涂加工，增强其使用性能。不建议广泛采用环境耐候性较差、难以降解和回收利用的塑料。

3.3.4 设施整合

 智能集约改造街道空间，智慧整合更新街道设施。

◇ 推广布局智能设施

控制智能设施占地面积：引导街道智慧管理，优先保证道路的基本功能，控制并降低智能设施占地面积在总人行道面积的占比。

沿街界面智能化：提升街道立面整体智能水平，以促进城市立面与智能设施整合，智能设施界面附着率应达到60%。

出行辅助：在车流量较大的路口设置智能交通灯，形成绿波交通带；公交站牌电子化率应达到100%，提供下班车到达时间等相关信息，可结合智能车站提供多媒体发布、乘客服务指南等；普及全市范围内的路边停车位管理查询系统，协调供需矛盾，智慧城市停车引导系统覆盖率（指安装停车引导系统的停车场在城市所有停车场中占比）应达到80%；通过沿街终端可对各类出行相关信息进行查询，降低对手机APP的依赖，使没有手机的街道使用者也可以获取相应服务。

环境智理：在沿街人流密集处设置智能感应环卫设施，使其融入环卫系统，相应地区覆盖率应达到40%；街道照明系统建议采用定时、光电控制、人流自动感应等控制方式，引导节能减排，路灯智能化比例应达到100%；建议对街道绿化进行监测，根据湿度对灌溉时间和水量进行智能调节，实现动态管理；监测数据应通过分析平台与交通、安防数据整合，提升数据利用效益。

◇ 设施集约设置

市政设施和街道家具集约：设施带按照集约、美观的原则，对公共标识、电信箱、路灯、座椅、垃圾桶等市政设施和街道家具进行集中布局，减少商业广告设施，鼓励采用"一杆多用""一箱多用"等方式对附属功能设施进行整合。

管线入廊：采用城市综合管廊将给水管、燃气管、电力管及通信管等各类市政管线统一布置，实现集中管理。燃气管道、热力管道（采用蒸汽介质时）应独立成舱；110kV及以上等级电力电缆宜独立成舱；热力管道不应同电力电缆同舱敷设；当舱室采用上下层布置时，燃气舱应位于上层。

3.4
品牌与魅力

3.4　品牌与魅力

3.4.1　明星街道

 打造明星街道，塑造集聚各种优点于一体的高品质街道空间，形成企业名片。

◇ **明星街道发展目标**

选择项目中各方面基础条件较好的路段，打造具有特色的明星街道，旨在集中展现企业关于街道建设所有的先进理念、先进技术、管理模型等，成为新城的形象名片，同时成为城市开发印记。

◇ **明星街道控制要点**

街道类型选择标准：优先选择"商业大街"和"景观大道"的主干道或"迎宾大道"，其次选择"滨水漫步道""步行街"等特殊类街道及"商业干道"和"景观干道"，通常情况下不建议选择次路和支路。

街道断面宽度控制标准：双向 8 车道道路红线宽度不小于 60m，建筑退界空间单侧宽度不小于 15m；双向 6 车道道路红线宽度不小于 48m，建筑退界空间单侧宽度不小于 10m；双向 4 车道道路红线宽度不小于 32m，建筑退界空间单侧宽度不小于 8m。

街道绿化率控制标准：红线宽度大于 50m 的街道绿地率不得小于 30%；红线宽度 40~50m 的街道绿地率不得小于 25%。

街道位置和尺度控制标准：新城中每个重要核心区应塑造至少一条明星街道。明星街道贯穿不同功能区时，景观应能展现该功能区的主题。为保证景观体验，以车行为主的明星街道长度最小为 1km，且每 2km 路段的景观应有明显的变化，以免造成视觉疲劳。

街道植栽设计控制标准：明星街道的行道树除了满足基本原则外，应优先挑选树形优美的开花树种或者色彩明快的色叶树种。植栽搭配尽量采用低维护、自然组团式的种植模式，并结合海绵城市所需的植物品种诉求设计。为保证识别度，车行观赏面的绿化图案块面的长度应大于 5m。

街道铺装控制标准：人行道选取质感良好的透水铺装，结合新城文化设计图案，搭配颜色不应超过三种；非机动车道和机动车道尽量选用透水沥青或透水混凝土铺装，非机动车道颜色采用统一的主题色突出品牌。

街道景观小品控制标准：在街道交叉口、重要建筑物和广场节点附近，设置与新城主题相关，或表现企业品牌的雕塑小品。沿街设置的座椅、路灯、垃圾桶、护栏、标识牌、公交车站、广告牌等街道家具，应根据街道特色进行具体设计，且风格相互协调，提升整体辨识度。

街道智慧设施控制标准：建立设计和管理统筹的智慧设施体系，部署智慧灯杆、智慧斑马线、智慧公交站、智慧交通引导屏、智能交通监控系统，有条件的情况下部署综合管廊和智慧垃圾桶。

街道亮化工程控制标准：在基本的路灯照明要求之外，应结合绿化照明、景观小品照明、标识照明及沿路大型建筑物的立面照明，在穿过不同功能区时选用相应的主色彩进行照明设计，增强明星街道的识别性。

[1] 街道类型详情参见 4.5.1 体系构建

3.4.2 品牌特色

结合企业品牌特色与地域文化，塑造属于每个项目专属的符号与印记。

◇ **突出新城城市形象与地区特征**

利用街道展现新城城市形象：重视街道作为城市形象窗口的作用，强化对于入城要道、主要商业街和景观休闲街道的整体风貌管控，加强景观门户节点的塑造。

社区主要街道形成特色：社区内主要的街道应注重引入个性化设计元素，形成社区特色。鼓励居民参与相应空间环境设计，强化社区认同。

◇ **塑造空间景观特色**

鼓励沿街建筑采用相似的建筑尺度与布局方式：沿街建筑宜采用相似的高度、退界和统一的布局方式，形成连续的街道界面，强化沿街建筑的整体识别性。

鼓励重要的街道采用个性化的断面形式：商业街道与滨水的休闲景观街道可采用非对称断面，形成宽阔的活动空间，例如在街道中央设置活动带，或将水系引入街道中央作为中分带。

用行道树树种与种植方式塑造街道特色：主要道路通过种植多排高大乔木形成林荫，社区道路鼓励使用色叶树与花木，按照"一街一树""一路一色""一道一花"等方式进行种植，强化内部街道的识别性。另外可以充分利用植物本身丰富的季相变化，在不同区域种植不同季相特征的主干植物，使得一年四季有不同的明星观赏道路出现在公众视野中，做到四季有花、四季有景、四季各有特色。

◇ **以公共艺术提升环境品质**

鼓励设置公共艺术作品：街道空间可以采用雕塑等艺术品进行装点，设置喷泉、灯光装置等设施增加互动，从而提升空间环境的吸引力。

共性和个性有机结合：在特殊路段和个别节点，可以打破统一的设计风格，进行个性化设计，为街道增加色彩和趣味性，丰富视觉体验。

3.4.3 文化魅力

以街道为载体，推动企业文化与城市文明的传承与发展，突显街道的文化魅力。

◇ **街道设施设计体现新城城市文化**

企业文化视觉系统：将企业特色色彩体系和视觉符号体系，综合应用在新城标识系统、城市家具、公共艺术品、特色铺装等设计中，提升企业在新城综合开发项目的品牌辨识度，塑造整体统一的新城形象，详见 2.6 章中交文化体系。

城市品牌 LOGO：通过具有辨识度的 LOGO 设计，结合城市文化和中交文化，体现新城风貌，展示应用在新城标识系统、城市家具等设施设计的视觉系统之中，详见 2.6.4 中交文化与地域文化融合。

◇ **塑造街道的社区特色**

社区活动空间：结合街道开敞空间，以社区客厅或室外咖啡厅的形式，构建开放的社区活动场所，鼓励居民互相交流。

社区文化景观：将民俗小品、灯光设计、多媒体展示等景观元素融入街头设施设计，鼓励互动参与，为社区居民营造丰富的文化体验。

临时性设施：在重要的节庆日，利用街道空间进行临时性艺术展览、街头文艺演出、公共行为艺术活动等，增加社区的凝聚力。

4

STREET SPACE TYPOLOGIES AND TYPICAL STREET TYPE DESIGN

第四章 街道空间形式类型及典型街道类型设计

第四章　街道空间形式类型及典型街道类型设计

4.1 "道路"与"街道"的概念

4.1.1 道路

　　道路是能够为各种车辆和行人等提供通行服务的基础设施。城市道路是指在城市范围内，供交通运输及行人使用的道路。

4.1.2 街道

　　街道指的是在城市范围内，全路或大部分地段两侧建有各式建筑物，设有人行道和各种市政公用设施的道路。
　　就概念而言，道路较为强调交通功能，可以根据交通功能划分为若干等级，而街道强调空间界面围合、功能活动多样、迎合慢行需求，根据沿线建筑使用功能与街道活动分为不同类型。

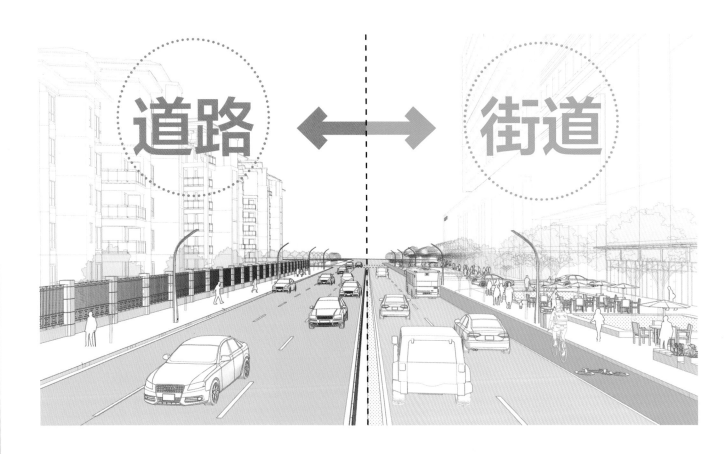

4.2 道路系统与分级

4.2.1 快速路

概念阐述：快速路应为城市中大量的长距离快速交通服务。快速路的对向车行道之间应设中间分车带，其进出口应采用全控制或部分控制。快速路两侧不应设置吸引大量车流、人流的公共建筑物的进出口。两侧一般建筑物的进出口应加以合理管控。

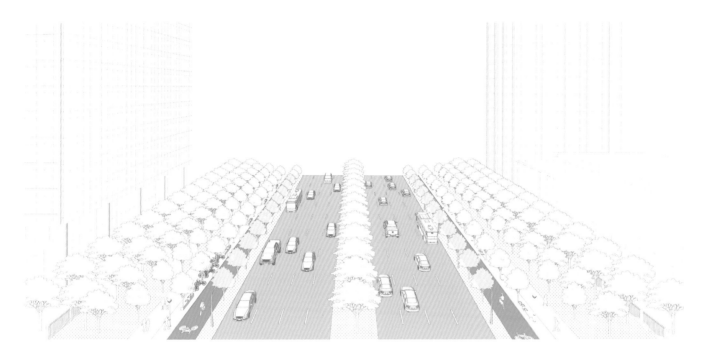

4.2.2 主干路

概念阐述：主干路应为连接城市各主要分区的干路，以交通功能为主。自行车交通量大时，宜采用机动车与非机动车分隔形式，如三幅路或四幅路。主干路两侧不应设置吸引大量车流、人流的公共建筑物的进出口。

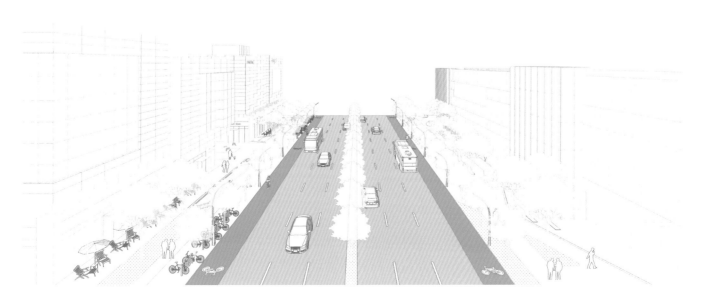

4.2.3 次干路

概念阐述： 次干路又叫区干道，为联系主要道路之间的辅助交通路线。次干路是城市的交通干路，以区域性交通功能为主，兼有服务功能。其与主干路组成路网，广泛连接城市各区，集散主干路交通。

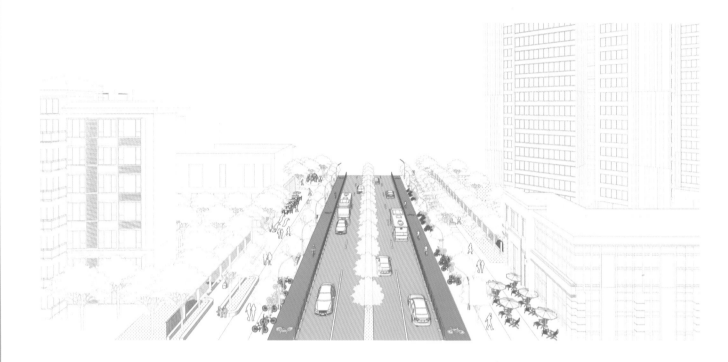

4.2.4 支路

概念阐述： 支路又叫支干道、街坊道路，通常是各街坊之间的联系道路。支路应为次干路与街坊路的连接线，解决局部地区交通，以服务功能为主。

4.3 街道类型

4.3.1 生活型街道

概念阐述： 生活型街道位于城市中心的居住用地部分，以服务本地居民的生活为主，沿线布置中小规模零售、餐饮等商业以及公共服务设施，交通特性主要为进出性交通。

典型案例： 重庆燕南路，成都锦城大道西段。

4.3.2 商业型街道

概念阐述： 商业型街道沿线通常为公共服务、零售餐饮等商业和商务办公用地，是以商业服务设施同类项集聚为主，具有一定服务能级或业态特色的道路，交通特性兼具通过性和进出性。

典型案例： 上海南京西路，上海淮海路。

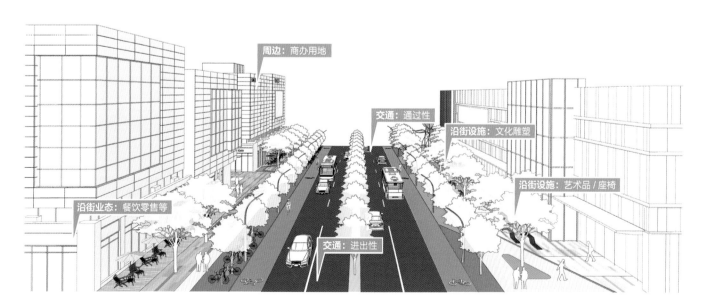

4.3.3 交通型街道

概念阐述：该街道强调交通特征，承载机动车专用的长距离通过性交通，车速较快。道路沿线以非开放形式沿街界面为主，通过绿化的隔离、屏挡、通透等特性控制景观效果，两侧限制或禁设大型交通视线吸引点。

典型案例：厦门环岛路，苏州太湖大道。

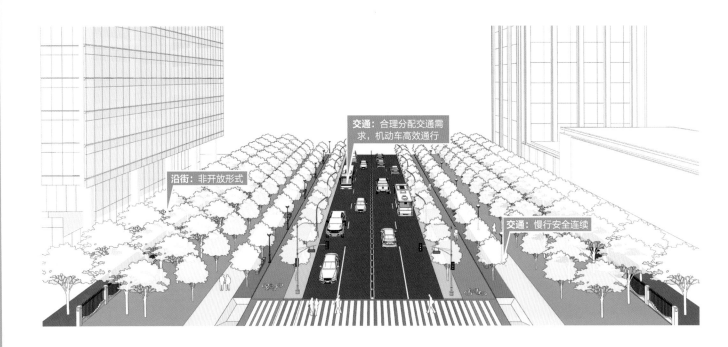

4.3.4 景观型街道

概念阐述：该街道沿线分布有公园绿地、防护绿地、滨水绿地等城市开放空间用地或历史风貌特色区，道路沿线设置集中成规模的休闲活动设施，交通以慢速通过性和进出性为主。

典型案例：上海云锦路，上海龙腾大道。

4.3.5 工业型街道

概念阐述： 该街道主要位于工业用地与仓储用地较为集中的区域，两侧以工业用地、物流仓储用地，或产业办公类用地为主，适应批发、建筑、加工和物流服务企业等的装卸和配送需求，包括先进制造业功能区街道和现代服务业产业功能区街道。交通特性上考虑大型车辆通行及卸货，行人较少。

典型案例： 苏州金鸡湖大道，武汉临空港大道。

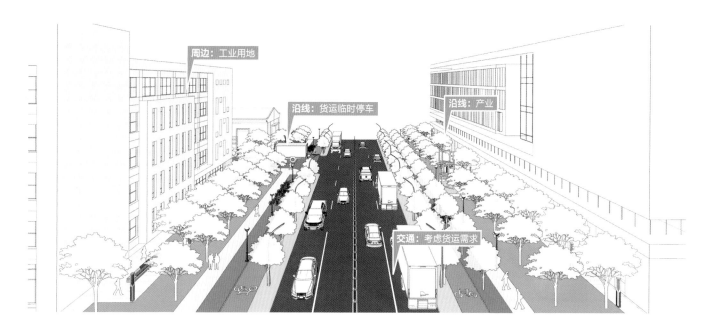

4.3.6 综合型街道

概念阐述： 该街道道路土地类型与界面的混合程度高，相比于其他类型沿线存在更多样化的土地用途，支持混合居住、办公、娱乐、零售等街道服务，或兼有两种以上上述类型特征的道路，其通过和进出性交通能力均较强。

典型案例： 上海古北路，成都府城大道。

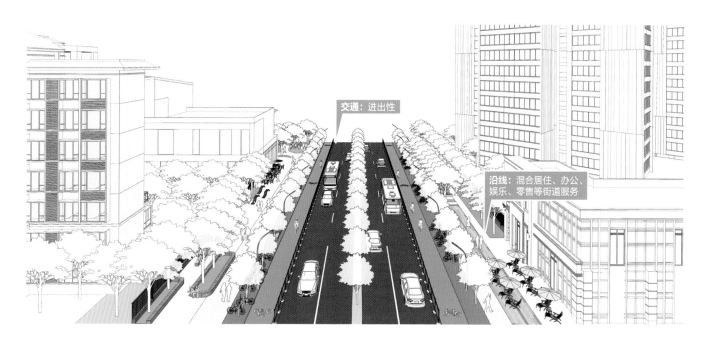

4.4 特定类型道路分类

4.4.1 步行街

概念阐述： 步行街是在交通集中的城市中心区设置的步行专用道，多数将逐渐形成商业街区。原则上排除汽车交通，外围设停车场，是行人优先活动的区域。徒步街与徒步购物街的意义是一样的，可通称为步行街。步行街是城市步行系统的一部分，是为了振兴旧区、恢复城市中心区活力、保护传统街区而采用的一种城市建设方法。

典型案例： 上海南京路步行街，成都太古里。

4.4.2 公交走廊

概念阐述： 公交走廊即公交客流走廊，是由一条公交线路或多条公交线路组成的道路，最短长度为 3km，并设有专用的公交车道。其可以提供类似轨道交通的运载能力、乘客服务和运营速度，且运营系统相对轨道交通更加灵活。

典型案例： 广州中山大道公交。

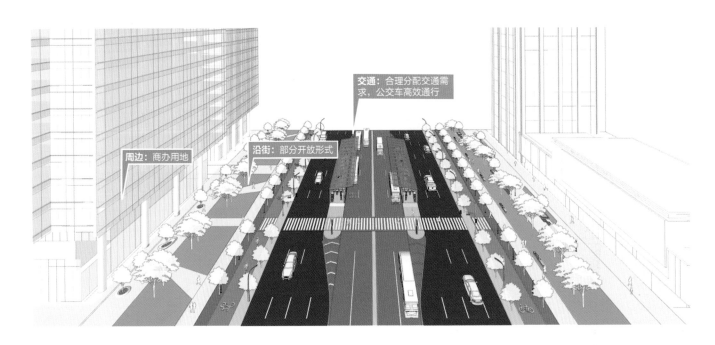

4.4.3 滨水慢行道

概念阐述： 滨水慢行道是滨水绿地等公园绿地内的慢行道，以景观休闲和健身功能为主。主路对外开放，出入口位置与城市道路相接，方便慢行穿越。鼓励设置跑步道、自行车专用道等特殊类型的慢行道。

典型案例： 上海徐汇滨江，深圳蛇口滨海休闲带。

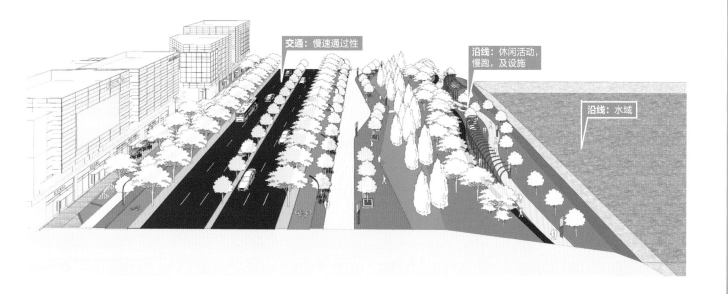

构建"4+7+11"道路控制体系

四大设计原则 ＋ 七大街道类型

秩序与安全

保障交通活动有序进行的同时，为行人提供更为安全的慢行空间。

活力与人文

塑造开放舒适、功能齐全的街道，突显空间活力与人文关怀。

生态与智慧

复合利用土地与空间资源，打造绿色生态与全方位智能街道。

品牌与魅力

塑造具有企业品牌特色的街道空间，展现企业魅力。

类型	代号	街道名称
生活型	Bh	生活大道
	Ch	生活次路
	Dh	普通街道
商业型	Bs	商业大街
	Cs	商业干道
	Ds	商业街巷
交通型	At	快速路
	Bt	交通主干
	Ct	交通次干
景观型	Bj	景观大道
	Cj	景观干道
	Dj	休闲街道
工业型	Bg	工业大道
	Cg	工业干道
	Dg	园区支路
综合型	Bz	综合大道
	Cz	综合次路
	Dz	综合街道
特定型	Fx	步行街
	Tx	公交走廊
	Wx	滨水慢行道

十一大空间要素模块

街道慢行系统
机、非共板模式
机、非、人分板模式

街道退界空间
沿街界面
建筑立面／围墙
机动车出入口
沿街出入口
地面停车

道路交叉口
展宽＋实体交通岛渠化模式
展宽＋无实体交通岛渠化模式
无展宽模式
交叉口宁静化模式
交叉口慢行系统组织

公共交通通行区
公交专用道
公交站空间布局
公交站站台及站牌
地铁出入口与公交站协同

过街设施区
人行横道过街
人行天桥过街
地铁口与地下通道过街
公共交通与人行过街设施的协同

海绵城市
生物滞留带
雨水花园
植草沟
生态树池

景观绿化
植物配置原则
城市街道绿化风貌指引
行道树
分隔带
路侧绿带
交通岛绿地
立体绿化
树池／树带

铺装系统
人行道铺装
特定型街道铺装
非机动车道铺装
装饰井盖
退缩空间铺装过渡
明星街道铺装

城市家具及公共艺术
主题雕塑
艺术小品
标识牌
自行车停放点／租赁点
人行护栏、护柱
止车石、路缘石
公共座椅

智慧设施带
多杆合一
多箱合一
线路规划
智慧市政

照明系统
灯具选型
景观照明
节能照明与应用

4.5.2 体系构建

每条道路都是独特的，不同的道路、街道类型服务于不同的功能，每种道路类型承载着各不相同的作用。综合考虑道路沿线的用地性质、交通性质、沿街活动和街道景观等因素，可以将道路—街道划分为生活型、商业型、交通型、景观型、工业型、综合型和特定类型 7 个大类。同一道路功能型可以与不同道路等级进行搭配，形成包含 21 小类的道路—街道体系。

道路等级 ＼ 道路功能	(h) 生活型	(s) 商业型	(t) 交通型	(j) 景观型	(g) 工业型	(z) 综合型	(x) 特定型
(A) 快速路	—	—	**At** 快速路（迎宾大道）	—	—	—	**Fx** 步行街
(B) 主干路	**Bh** 生活大道	**Bs** 商业大街	**Bt** 交通主干	**Bj** 景观大道	**Bg** 工业大道	**Bz** 综合大道	**Tx** 公交走廊
(C) 次干路	**Ch** 生活次路	**Cs** 商业干道	**Ct** 交通次干	**Cj** 景观干道	**Cg** 工业干道	**Cz** 综合次路	
(D) 支路	**Dh** 普通街道	**Ds** 商业街巷	—	**Dj** 休闲街道	**Dg** 园区支路	**Dz** 综合街道	**Wx** 滨水慢行道

4.5.3 基本类型概述

Bh **生活大道：**串联居住社区，街道沿线分布各类服务于居住区的大型公共设施，具有一定服务能级或业态特色的街道。

Ch **生活次路：**位于居住社区中心，街道沿线分布各类生活服务设施，具有一定服务能级或业态特色的街道。两侧临街界面多为连续开放的界面，街道沿线业态以服务本地居民的生活性商业、中小规模零售、餐饮等公共设施为主。

Dh **普通街道：**一般位于社区中心，街道沿线分布各类生活服务设施。两侧临街界面多为连续开放的界面，沿线业态以服务社区居民的生活服务型商业、中小规模零售、小型餐饮等为主，以灵活多样为主要特征。

Bs **商业大街：**一般位于核心区，街道沿线分布各类大型公共设施。街道两侧多为连续开放界面，业态以大型商业、文化娱乐、商务办公为主，功能复合，街道活动类型多样。

Cs **商业干道：**一般位于核心区与社区中心，街道沿线分布各类公共设施，具有一定服务能级或业态特色的街道。临街界面为连续开放界面，业态以大型商业、文化娱乐和商务办公为主。

Ds **商业街巷：**一般位于核心区，街道沿线分布各类公共设施。两侧多为连续开放界面，业态以商业服务、文化娱乐、商务办公为主，功能复合。

At **快速路（迎宾大道）：** 城市连接高速公路、国省道的交通干路，串联城市的各功能片区，是进入城市的门户通道，具有形象展示的作用。两侧临街界面多为连续封闭界面，交通以通过性为主。

Bt **交通主干：** 路网的主骨架，承担内外交通联系，以较强的通过性为主要特征。两侧多为连续封闭界面，交通以线性通过为主。

Ct **交通次干：** 主干路网骨架的补充，兼具通过与到达的功能。两侧多为封闭界面，沿线可有少量的公共服务设施。

Bj **景观大道：** 构成城市道路绿化的网络骨架，两侧通常预留一定宽度的路侧绿带，道路绿化率较高。两侧临街界面以景观绿化为主，交通以通过性为主。

Cj **景观干道：** 为景观及历史风貌特色突出、沿线设置集中成规模的休闲活动设施的街道。两侧临街界面多为半封闭或封闭界面，沿线以景观绿化为主。

Dj **休闲街道：** 景观特色突出，以林荫绿化为主的街道，沿线活动呈现出灵活多变的特征。两侧临街界面多为半封闭界面，沿线集中设置各类小型休闲活动设施。

Bg **工业大道：** 串联工业或者产业类片区，街道周边主要分布各类工业、产业园区、厂房、仓库等，两侧多为封闭界面，通常设有围墙等隔离设施，路侧绿化带设计时应注意隔绝内外环境。交通以线性通过为主，应注意考虑大型车辆通行需求。

Cg **工业干道：** 一般位于工业或产业中心，街道周边分布产业园区或仓储空间的出入口，特别注意车辆出入园区的需求。

Dg **园区支路：** 一般位于产业或者工业板块的核心区域，沿街分布有产业园区的装卸货区域以及各类公共服务设施。两侧多为封闭或者半开放的界面，主要考虑协调临时装卸货区域的设置与行人的通行安全。

Bz **综合大道：** 一般位于核心区边缘，街道沿线土地用途多样化，支持混合居住、办公、娱乐、零售等街道服务，两侧多为开放式界面或部分开放界面。

Cz **综合次路：** 一般位于核心区，街道沿线分布各类公共设施，具有一定服务能级或业态特色的街道。临街界面为连续开放界面，业态丰富多样。

Dz **综合街道：** 一般位于核心区，街道沿线分布各类公共设施。两侧多为连续开放的界面，业态丰富多样，功能复合。

Fx **步行街：** 在交通集中的城市中心区设置的步行专用道，多数会在周围逐渐形成商业街区。原则上排除汽车交通，外围设停车场，是行人优先活动的区域。徒步街与徒步购物街的意义一样，可通称为步行街。步行街是城市步行系统的一部分，也是为了振兴旧区、恢复城市中心区活力、保护传统街区而采用的一种城市建设方法。

Tx **公交走廊：** 即公交客流走廊，是由一条公交线路或多条公交线路组成的道路，最短长度为 3km，并设有专用的公交车道，可以提供类似轨道交通的运载能力、乘客服务和运营速度，运营系统更为灵活。

Wx **滨水慢行道：** 滨水绿地等公园绿地内的慢行道，以景观休闲和健身功能为主。主路对外开放，出入口位置与城市道路相接，方便慢行穿越。鼓励设置跑步道、自行车专用道等特殊类型的慢行道。

4.6 交通参与者及其活动诉求

4.6.1 行人

所有交通方式最终都会转化为步行：公共交通的使用者需要借助步行从车站前往他们的最终目的地，小汽车司机和骑行车在下车点和目的地之间也需要步行。在行为安全上，行人是交通参与者中相对弱势的群体，因此无论在什么情况下，都应在街道设计中将行人安全置于优先级的首位。街道设计应当为所有行人服务，包括儿童、老人、推婴儿车的父母、盲人和使用轮椅以及其他辅助设施的残疾人等。

行人的平均行走速度约为每小时 3.6km。在这种速度下，他们可以体验到很多细节。同样一段路程，由于沿线建筑立面和公共开放空间的变化和丰富度的不同，会使行人感受到的步行时间长短不同。

在步行时，行人不但会注视到前方，也会注意到两侧的街坊活动。此外，行人还会通过气味、声音和触感来体验城市，连同视觉体验一起，形成对于某个场所的完整印象。

1. 基本活动

| 行走 | 驻足休息 | 获取信息 | 交流 | 跑步 | 拍照 | 散步 |

2. 扩展活动

| 观察 | 购物 | 吃饭 | 室外咖啡 | 买卖 | 棋牌活动 | 亲友聚会 |

| 举办活动 | 跳舞 | 儿童玩耍 | 室外健身运动 | 打电话 |

3. 服务设施

| 过街设施 | 休闲与游乐设施 | 树荫 | 照明 | 标识系统及信息终端 |

4.6.2　公共交通

轨道交通、常规公交以及轮渡等共同组成了城市的公共交通系统。轨道交通是城市公交系统中十分重要的组成部分。

"最后一公里"的体验对于提升轨道交通吸引力具有重要的作用。应尽量将地铁车站与重要的公共服务设施一体化布局，注重通向轨道交通站点的接驳路径，在轨道交通站点周边建设完善的步行和自行车通道，并优化与公交车的换乘条件，使通勤更加便利、站点周边的环境更加人性化，鼓励更多市民选择轨道交通作为出行方式。

常规公交是城市公共交通系统的重要组成部分。与轨道交通相比，常规公交可以提供更加密集的站点和灵活的线路。应通过优化线网、增加班次、设置公交车道及专用信号来提高运行速度，以提升常规公交的服务能力。

一些滨水城市轮渡也是步行者和骑行者重要的渡江工具，应重视轮渡与慢行网络和其他公交设施的衔接，将江/湖两岸更加紧密地联系在一起。

轨道交通和传统地面公交　　标识公交车道与车站　　候车亭　　智能公交信息牌　　轨交车站便捷可达

4.6.3　非机动车

非机动车包括自行车和电动自行车，其中电动自行车正日益成为非机动车中的主体。应将非机动车交通作为绿色交通的组成部分，加强对非机动车的管理，整体保障对非机动车的空间和设施供给。

自行车的骑行速度一般在 10～15km/h 左右，应当据此合理确定电动自行车速度等级，避免电动自行车与自行车以及与机动车通行产生矛盾。

应当对自行车过街问题给予更大的关注。建议对自行车过街通道通过划线和分色铺装进行标示，并重点考虑避免与转弯机动车的冲突。在自行车交通量大的交叉口，可设置专门为自行车设计的交通信号灯，并通过广角镜等特定的设施扩展骑行者在交叉口的视野。

非机动车　　临时停放　　过街信号灯与路面标识　　硬质隔离

4.6.4　机动车

如果道路资源有限，通过增加道路设施无法有效解决城市交通拥堵问题，则必须通过鼓励公共交通、绿色交通来转变出行方式，控制小汽车增长与使用，以缓解城市交通拥堵问题，并加强交通组织研究，系统性提高交通通行能力。街道设计应采用缩减车道宽度、缩小转弯半径和设置减速带等方式影响驾驶行为，提升和改善步行和骑行环境，为在城市中生活、工作和娱乐的人们带来更高的安全性和舒适性。

机动车　　落客与停车　　保证机动车视野　　清晰的导向与标识

4.7 典型街道类型设计

4.7.1 重点设计要素汇总表

道路功能	街道类型	优先实施原则	红线宽度 (m)	红线内			
				机动车			
				设计车速 (km/h)	小型车道宽度(m)	混合车道宽度(m)	路缘带宽度(m
生活型	**Bh** 生活大道	慢行优先、安全街道、活动舒适、尺度宜人、人文关怀、功能复合	40.0~48.0	40/50/60	3.25	3.5	0.25/0.5
	Ch 生活次路	慢行优先、安全街道、活动舒适、功能复合、尺度宜人、人文关怀	28.0~34.0	30/40/50	3.25	3.5	0.25
	Dh 普通街道	慢行优先、安全街道、功能复合、活动舒适、尺度宜人、人文关怀等	19.0~24.0	20/30/40	–	3.5	–
商业型	**Bs** 商业大街	慢行优先、文化魅力、品牌特色、明星街道、功能复合、尺度宜人等	40.0~50.0	40/50/60	3.25	3.5	0.25/0.5
	Cs 商业干道	功能复合、活动舒适、品牌特色、文化魅力、慢行优先、明星街道等	28.0~36.0	30/40/50	3.25	3.5	0.25
	Ds 商业街巷	功能复合、尺度宜人、品牌特色、文化魅力、慢行优先、活动舒适等	19.0~24.0	20/30/40	–	3.5	–
交通型	**At** 快速路	交通有序、安全街道、明星街道、品牌特色、生态种植、绿色技术等	51.0~73.0	60/80/100	3.5	3.75	0.5
	Bt 交通主干	交通有序、安全街道、绿色技术、设施整合	40.0~44.0	40/50/60	3.25	3.5	0.25/0.5
	Ct 交通次干	交通有序、安全街道、生态种植、绿色技术	28.0~32.0	30/40/50	3.25	3.5	0.25
景观型	**Bj** 景观大道	慢行优先、明星街道、品牌特色、绿色技术、生态种植、活动舒适等	54.0~64.0	40/50/60	3.25	3.5	0.25/0.5
	Cj 景观干道	慢行优先、人文关怀、生态种植、绿色技术、品牌特色、活动舒适等	35.0~40.0	30/40/50	3.25	3.5	0.25
	Dj 休闲街道	慢行优先、品牌特色、绿色技术、生态种植、活动舒适、文化魅力等	19.0~27.0	20/30/40	–	3.5	0.25
工业型	**Bg** 工业大道	交通有序、安全街道、资源集约、慢行优先、生态种植、绿色技术等	42.0~48.0	40/50/60	3.25	3.5	0.25/0.5
	Cg 工业干道	交通有序、安全街道、资源集约、慢行优先、生态种植、绿色技术等	33.0~36.0	30/40/50		3.5	0.25
	Dg 园区支路	交通有序、安全街道、生态种植、资源集约、绿色技术	19.0~24.0	20/30/40	–	3.5	–
综合型	**Bz** 综合大道	安全街道、慢行优先、活动舒适、品牌特色、人文关怀	40.0~50.0	40/50/60	3.25	3.5	0.25/0.5
	Cz 综合次路	安全街道、慢行优先、功能复合、活动舒适、品牌特色、人文关怀等	28.0~36.0	30/40/50	3.25	3.5	0.25
	Dz 综合街道	安全街道、慢行优先、功能复合、活动舒适、人文关怀	19.0~24.0	20/30/40	–	3.5	
特定型	**Fx** 步行街	慢行优先、品牌特色、文化魅力、活动舒适、尺度宜人、人文关怀等	8.0~12.0	–	–	–	–
	Tx 公交走廊	安全街道、交通有序、绿色出行、慢行优先、资源集约、智慧服务等	48.0~55.0	40/50/60	3.5	4.0	0.5
	Wx 滨水慢行道	慢行优先、活动舒适、人文关怀、生态种植、文化魅力、品牌特色等	20.0~50.0	–	–	–	–

非机动车道宽度(m)	人行道	行道树	退界空间			退界宽度(m)	推荐断面索引
			主要沿街活动		退界空间形式		
非机动车道宽度(m)	红线内人行道宽度(m)	种植形式	必要活动	可有活动	退界空间形式	退界宽度(m)	推荐断面索引
2.5/3.5	2.0~4.0	独立树池、连续树池	行走、驻足休息、休闲骑行	购物、交谈、观察、跑步、亲友聚会等	完全开放、部分封闭	8.0~15.0	P93
2.5/3.5	2.0~3.0	独立树池、连续树池	行走、驻足休息、休闲骑行、散步	购物、室外咖啡、观察、跑步、亲友聚会等	完全开放、部分封闭	5.0~10.0	P95
2.5/3.5	2.0~3.0	独立树池、连续树池	行走、驻足休息、休闲骑行、交谈、观察、散步	室外咖啡、跑步、亲友聚会、购物、儿童玩耍等	完全开放	3.0~5.0	P97
2.5/3.5	2.0~5.0	独立树池	行走、散步	休闲骑行、购物、亲友聚会、观察、驻足休息等	完全开放、部分封闭	8.0~20.0	P99
2.5/3.5	2.0~4.0	独立树池	行走、散步、驻足休息	休闲骑行、购物、亲友聚会、观察、室外咖啡等	完全开放	5.0~15.0	P101
2.5/3.5	2.0~3.0	独立树池	行走、散步、驻足休息、交谈	休闲骑行、购物、亲友聚会、观察、室外咖啡等	完全开放	3.0~5.0	P103
3.5	2.0~3.0	连续树带	行走	休闲骑行、驻足休息、观察、获取信息、交谈等	完全封闭	10.0~20.0	P105
3.5	2.0~3.0	连续树带	行走、观察	休闲骑行、驻足休息、获取信息、交谈等	部分开放、完全封闭	8.0~15.0	P107
2.5/3.5	2.0~3.0	连续树带	行走、观察	休闲骑行、驻足休息、购物、获取信息、交谈等	部分开放	5.0~10.0	P109
3.5	2.0~3.0	连续树池、连续树带	行走、驻足休息、休闲骑行、跑步	交谈、观察、亲友聚会、散步、儿童玩耍等	部分封闭、部分开放	8.0~20.0	P111
3.5	2.0~3.0	连续树池、连续树带	行走、驻足休息、休闲骑行、跑步、交谈	亲友聚会、观察、散步、儿童玩耍、举办活动等	部分封闭、部分开放	5.0~15.0	P113
2.5/3.5	2.0~3.0	连续树池、连续树带	行走、驻足休息、休闲骑行、跑步、观察、交谈	亲友聚会、散步、儿童玩耍、室外健身运动等	部分封闭	3.0~5.0	P115
3.5	2.0~3.0	连续树带	行走	驻足休息、休闲骑行、交谈、拍照、观察等	部分开放、完全封闭	8.0~15.0	P117
3.5	2.0~3.0	连续树带	行走、驻足休息	休闲骑行、交谈、拍照、室外咖啡、购物、吃饭等	部分封闭、部分开放	5.0~10.0	P119
2.5/3.5	2.0~3.0	连续树带	行走、驻足休息	交谈、休闲骑行、拍照、室外咖啡、亲友聚会等	部分封闭、部分开放	3.0~5.0	P121
2.5/3.5	2.0~5.0	独立树池、连续树池	行走、散步	休闲骑行、驻足休息、交谈、观察、亲友聚会等	完全开放、部分封闭、部分开放	8.0~20.0	P123
2.5/3.5	2.0~4.0	独立树池、连续树池	行走、散步、交谈	休闲骑行、室外咖啡、亲友聚会、观察、儿童玩耍等	完全开放、部分封闭、部分开放	5.0~15.0	P125
2.5/3.5	2.0~3.0	独立树池、连续树池	行走、散步、交谈、驻足休息	休闲骑行、观察、亲友聚会、跑步、购物、棋牌等	完全开放、部分封闭	3.0~5.0	P127
–	3.0~5.0	–	行走、散步、购物	驻足休息、拍照、交谈、观察、亲友聚会、儿童玩耍等	完全开放	1.0~2.0	P129
3.5	2.0~3.0	–	行走、乘公交车	休闲骑行、交谈、观察、驻足休息、购物、获取信息等	部分封闭、部分开放	10.0~15.0	P131
–	3.0~6.0	–	行走、散步、跑步	驻足休息、交谈、亲友聚会、观察、拍照、骑行等	完全开放、部分封闭	–	P134

4.7.2 典型街道类型设计——生活型道路

1. 生活大道 Bh

生活大道是串联居住社区，街道沿线分布各类服务于居住区的大型公共设施，具有一定服务能级或业态特色的街道。

沿街活动：

生活大道除了基本的交通功能外，还承载着社区日常生活活动的重要功能，为不同年龄、不同背景的居民提供会面与交往空间，并保证人、公交、非机动车、机动车各自的功能完善，互不干扰。

必要活动： 行走、驻足休息、休闲骑行。

可有活动： 购物、交谈、观察、跑步、亲友聚会、散步、儿童玩耍、打电话、棋牌活动、室外咖啡、买卖、乘公交车、吃饭、举办活动、获取信息等。

退界空间形式： 完全开放、部分封闭（详见 5.4.1）

道路设计速度： 40/50/60km/h

行道树种植形式： 独立树池、连续树池（详见 5.8.3）

（1）设计原则

 秩序与安全　 活力与人文　 生态与智慧　品牌与魅力

★★★ **优先实施原则：**

慢行优先	安全街道	活动舒适
尺度宜人	人文关怀	功能复合

☆☆☆ **弹性控制原则：**

文化魅力	品牌特色	资源集约
明星街道	设施整合	

（2）活动推荐

| 行走 | 驻足休息 | 休闲骑行 | 购物 | 交谈 | 观察 | 跑步 | 亲友聚会 | 散步 |

| 儿童玩耍 | 打电话 | 棋牌活动 | 室外咖啡 | 买卖 | 乘公交车 | 吃饭 | 举办活动 | 获取信息 |

（3）传统断面

- 缺少分车带，不安全
- 车道过宽，不紧凑
- 人行道活动单一
- 路侧设施带影响人行道通达性
- 绿化不足
- 红线外缺乏统一考虑

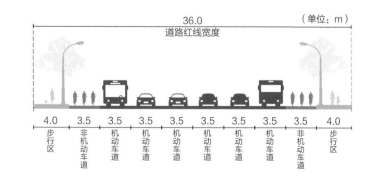

36.0									（单位：m）
道路红线宽度									
4.0	3.5	3.5	3.5	3.5	3.5	3.5	3.5	3.5	4.0
步行区	非机动车道	机动车道	机动车道	机动车道	机动车道	机动车道	机动车道	非机动车道	步行区

（4）紧凑推荐断面

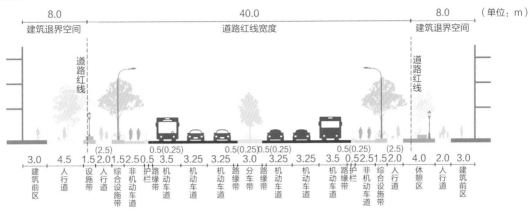

| 8.0 | 40.0 | 8.0 | （单位：m） |
| 建筑退界空间 | 道路红线宽度 | 建筑退界空间 | |

道路红线　道路红线

（2.5）　　0.5(0.25)　　0.5(0.25)　　0.5(0.25)　　（2.5）

| 3.0 | 4.5 | 1.5 | 2.0 | 1.5 | 2.5 | 0.5 | 3.5 | 3.25 | 3.25 | 3.0 | 3.25 | 3.25 | 3.5 | 0.5 | 2.5 | 1.5 | 2.0 | 4.0 | 2.0 | 3.0 |
| 建筑前区 | 人行道 | 设施带 | 人行道 | 综合设施带 | 非机动车道 | 护栏路缘带 | 机动车道 | 机动车道 | 机动车道 | 路缘带 | 分车带 | 路缘带 | 机动车道 | 机动车道 | 机动车道 | 路缘带护栏 | 非机动车道 | 综合设施带 | 人行道 | 休憩区 | 人行道 | 建筑前区 |

注：当道路设计速度为40或50km/h时，路缘带宽度为0.25m，人行道取括号内值2.5m，道路红线宽度维持40.0m。

（单位：m）

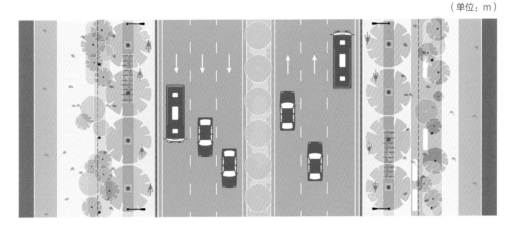

（5）宽松推荐断面

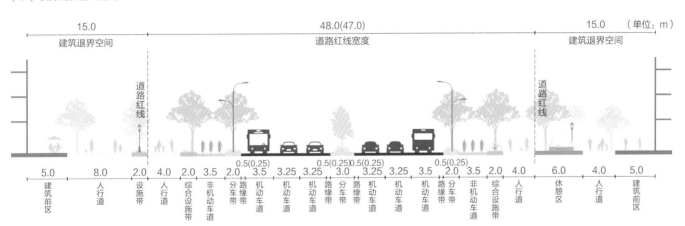

| 15.0 | 48.0(47.0) | 15.0 | （单位：m） |
| 建筑退界空间 | 道路红线宽度 | 建筑退界空间 | |

道路红线　道路红线

0.5(0.25)　　0.5(0.25)　0.5(0.25)　　0.5(0.25)

| 5.0 | 8.0 | 2.0 | 4.0 | 2.0 | 3.5 | 2.0 | 3.5 | 3.25 | 3.25 | 3.0 | 3.25 | 3.25 | 3.5 | 2.0 | 3.5 | 2.0 | 4.0 | 6.0 | 4.0 | 5.0 |
| 建筑前区 | 人行道 | 设施带 | 人行道 | 综合设施带 | 非机动车道 | 分车带路缘带 | 机动车道 | 机动车道 | 机动车道 | 路缘带分车带 | 路缘带 | 机动车道 | 机动车道 | 机动车道 | 路缘带分车带 | 非机动车道 | 综合设施带 | 人行道 | 休憩区 | 人行道 | 建筑前区 |

注：当道路设计速度为40或50km/h时，路缘带宽度为0.25m，道路红线宽度为47.0m。

（单位：m）

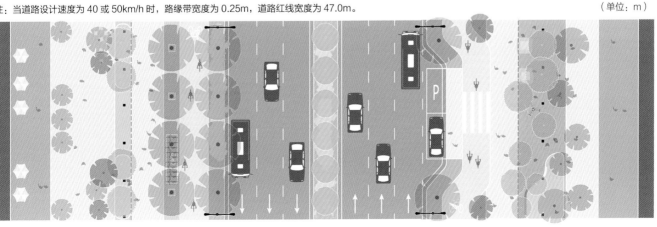

2. 生活次路 Ch

生活次路是位于居住社区中心，街道沿线分布各类生活服务设施，具有一定服务能级或业态特色的街道。两侧临街界面多为连续开放界面，街道沿线业态以服务本地居民的生活性商业、中小规模零售、餐饮等公共设施为主。

沿街活动：

生活次路交通方面的功能弱于主路，更应倾向打造为社区日常生活的重要场所，保证人、公交、非机动车、机动车各自功能完善，互不干扰，同时为居民提供必要的服务功能。

必要活动：行走、驻足休息、休闲骑行、散步。

可有活动：购物、室外咖啡、观察、跑步、亲友聚会、打电话、儿童玩耍、举办活动、室外健身运动、棋牌活动、跳舞、拍照、买卖、乘公交车、吃饭、购物等。

退界空间形式：完全开放、部分封闭（详见 5.4.1）

道路设计速度：30/40/50km/h

行道树种植形式：独立树池、连续树池（详见 5.8.3）

（1）设计原则

■ 秩序与安全　● 活力与人文　◎ 生态与智慧　⬡ 品牌与魅力

★★★ 优先实施原则：

 慢行优先　 安全街道　 活动舒适

 功能复合　 尺度宜人　 人文关怀

☆☆☆ 弹性控制原则：

 资源集约　 品牌特色　 文化魅力

 设施整合

（2）活动推荐

行走　　驻足休息　　休闲骑行　　散步　　购物　　室外咖啡　　观察　　跑步　　亲友聚会　　打电话

儿童玩耍　　举办活动　　室外健身运动　　棋牌活动　　跳舞　　拍照　　买卖　　乘公交车　　吃饭　　购物

（3）传统断面

- 缺少分车带，不安全
- 车道过宽不紧凑
- 人行道活动单一，空间狭窄
- 绿化不足
- 红线外缺乏统一考虑

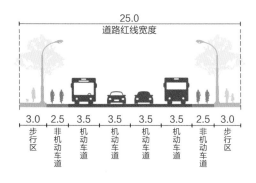

25.0
道路红线宽度

| 3.0 | 2.5 | 3.5 | 3.5 | 3.5 | 3.5 | 2.5 | 3.0 |
| 步行区 | 非机动车道 | 机动车道 | 机动车道 | 机动车道 | 机动车道 | 非机动车道 | 步行区 |

（单位：m）

（4）紧凑推荐断面

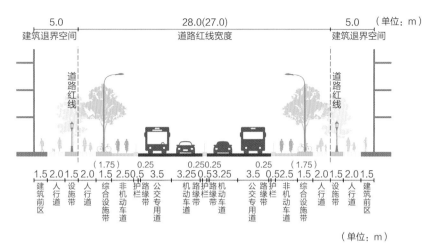

| 5.0 | 28.0(27.0) | 5.0 | （单位：m） |
| 建筑退界空间 | 道路红线宽度 | 建筑退界空间 | |

道路红线　道路红线

| 1.5 | 2.0 | 1.5 | 2.0 | 1.5 | 2.50 | 0.5 | 3.5 | 3.25 | 0.25 | 0.5 | 3.25 | 3.5 | 0.5 | 2.5 | 1.5 | 2.0 | 1.5 | 2.0 | 1.5 |

(1.75)　0.25　0.25　(1.75)

建筑前区　人行道　设施带　人行道　综合设施带　非机动车道　护栏　路缘带　公交专用道　机动车道　护栏　路缘带　机动车道　公交专用道　路缘带　护栏　非机动车道　综合设施带　人行道　设施带　人行道　建筑前区

注：当道路设计速度为
30km/h时，机、非车道之
间无需设置护栏，综合设
施带取括号内值1.75m，
道路红线宽度为27.0m。

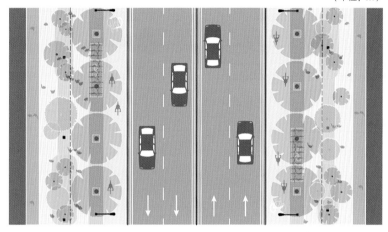

（单位：m）

（5）宽松推荐断面

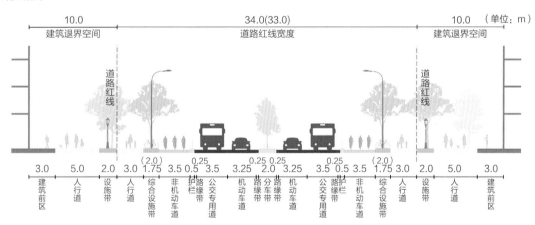

| 10.0 | 34.0(33.0) | 10.0 | （单位：m） |
| 建筑退界空间 | 道路红线宽度 | 建筑退界空间 | |

道路红线　道路红线

| 3.0 | 5.0 | 2.0 | 3.0 | 1.75 | 3.5 | 0.25 | 0.5 | 3.5 | 3.25 | 0.25 | 0.25 | 3.25 | 3.5 | 0.5 | 0.25 | 3.5 | 1.75 | 3.0 | 2.0 | 5.0 | 3.0 |

(2.0)　(2.0)

建筑前区　人行道　设施带　人行道　综合设施带　护栏　路缘带　非机动车道　公交专用道　机动车道　路缘带　分车带　路缘带　机动车道　公交专用道　路缘带　护栏　非机动车道　综合设施带　人行道　设施带　人行道　建筑前区

注：当道路设计速度为30km/h时，机、非车道之间无需设置护栏，综合设施带取括号内值2.0m，道路红线宽度为33.0m。（单位：m）

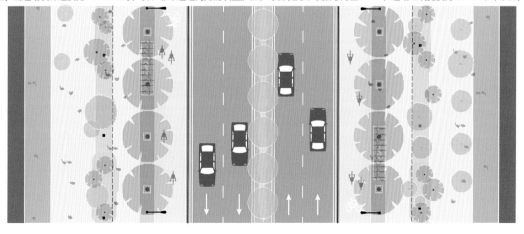

3. 普通街道 Dh

普通街道一般位于社区中心，街道沿线分布各类生活服务设施。两侧多为连续开放界面，沿线以服务社区居民的生活服务型商业、中小规模零售、小型餐饮等业态为主，以灵活多样为主要特征。

沿街活动：

普通街道的交通功能相对较弱，主要服务于社区日常生活，为不同年龄、背景的居民提供会面与交往空间及活动空间，成为社区文化活动的延伸区域。

必要活动： 行走、驻足休息、休闲骑行、交谈、观察、散步。

可有活动： 室外咖啡、跑步、亲友聚会、购物、打电话、儿童玩耍、室外健身运动、吃饭、跳舞、拍照等。

退界空间形式： 完全开放（详见 5.4.1）

道路设计速度： 20/30/40km/h

行道树种植形式： 独立树池、连续树池（详见 5.8.3）

（1）设计原则

🟦 秩序与安全　🔵 活力与人文　🔵 生态与智慧　🔵 品牌与魅力

★★★ 优先实施原则：

 慢行优先　 安全街道　 功能复合

 活动舒适　 尺度宜人　 人文关怀

 资源集约

☆☆☆ 弹性控制原则：

 设施整合　 品牌特色　 文化魅力

 交通有序　 生态种植

（2）活动推荐

行走　　驻足休息　　休闲骑行　　交谈　　观察　　散步　　室外咖啡　　跑步

亲友聚会　　购物　　打电话　　儿童玩耍　　室外健身运动　　吃饭　　跳舞　　拍照

（3）传统断面

- 缺少分车带，不安全
- 人行道活动单一
- 绿化不足
- 红线外缺乏统一考虑

13.0
道路红线宽度

| 2.0 步行区 | 4.5 机非混行道 | 4.5 机非混行道 | 2.0 步行区 |

（单位：m）

（4）紧凑推荐断面

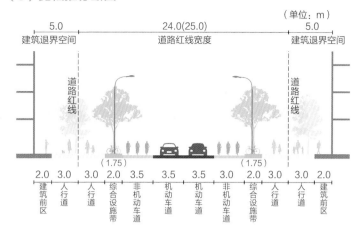

（单位：m）

3.0	19.0(21.0)	3.0
建筑退界空间	道路红线宽度	建筑退界空间

道路红线 　　　道路红线

(1.75)　　　　　(1.75)

（单位：m）

1.0	2.0	2.0	1.5	2.5	3.5	3.5	2.5	1.5	2.0	2.0	1.0
建筑前区	人行道	人行道	综合设施带	非机动车道	机动车道	机动车道	非机动车道	综合设施带	人行道	人行道	建筑前区

注：当道路设计速度为40km/h时，机、非车道之间需设置护栏，综合设施带取括号内值1.75m，道路红线宽度为21.0m。

（单位：m）

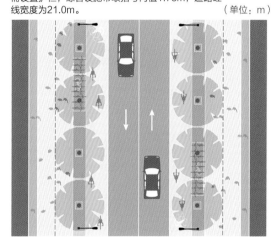

（5）宽松推荐断面

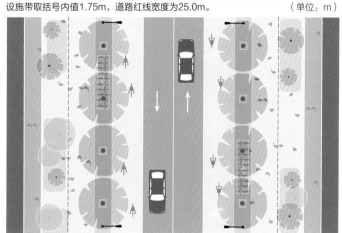

（单位：m）

5.0	24.0(25.0)	5.0
建筑退界空间	道路红线宽度	建筑退界空间

道路红线 　　　道路红线

(1.75)　　　　　(1.75)

2.0	3.0	3.0	2.0	3.5	3.5	3.5	3.5	3.0	2.0	3.0	3.0	2.0
建筑前区	人行道	人行道	综合设施带	非机动车道	机动车道	机动车道	非机动车道	综合设施带	人行道	人行道	建筑前区	

注：当道路设计速度为40km/h时，机、非车道之间需设置护栏，综合设施带取括号内值1.75m，道路红线宽度为25.0m。

（单位：m）

（6）生活型街道设计要素

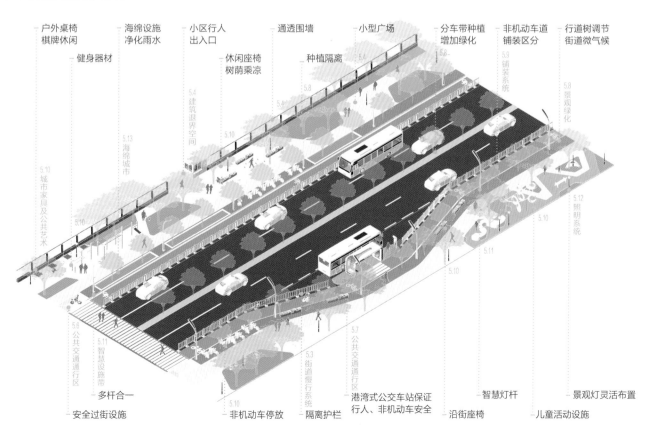

4.7.3 典型街道类型设计——商业型道路

1. 商业大街 Bs

商业大街一般位于核心区，街道沿线分布各类大型公共设施。街道两侧多为连续开放界面，业态以大型商业、文化娱乐、商务办公为主，功能复合，街道活动类型多样。

沿街活动：

商业大街在兼顾必要的交通功能的同时，沿线人流量较大，活动较多样，以消费性商业活动为主，如餐饮、购物等，同时也可容纳非消费性活动，包括游逛、会面、休憩、表演、驻足观看等。

必要活动： 行走、散步。

可有活动： 休闲骑行、购物、亲友聚会、观察、驻足休息、室外咖啡、打电话、举办活动、获取信息、交谈、买卖、拍照等。

退界空间形式： 完全开放、部分封闭（详见 5.4.1）

道路设计速度： 40/50/60km/h

行道树种植形式： 独立树池（详见 5.8.3）

（1）设计原则

■ 秩序与安全　■ 活力与人文　■ 生态与智慧　■ 品牌与魅力

★★★ 优先实施原则：

 慢行优先　 文化魅力　 品牌特色

 明星街道　 功能复合　 尺度宜人

 活动舒适　 人文关怀

☆☆☆ 弹性控制原则：

 交通有序　 设施整合

（2）活动推荐

 行走　 散步　 休闲骑行　 购物　 亲友聚会　 观察　 驻足休息　 室外咖啡

 打电话　 举办活动　 获取信息　 交谈　 买卖　 拍照

（3）传统断面

- 缺少分车带，不安全
- 车道过宽不紧凑
- 人行道活动单一
- 路侧设施带影响人行道通达性
- 绿化不足
- 红线外缺乏统一考虑

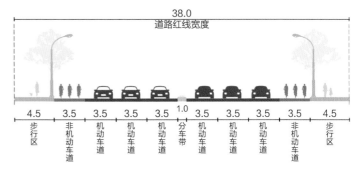

38.0 道路红线宽度									
4.5	3.5	3.5	3.5	3.5	1.0	3.5	3.5	3.5	3.5	4.5
步行区	非机动车道	机动车道	机动车道	机动车道	分车带	机动车道	机动车道	机动车道	非机动车道	步行区

（单位：m）

（4）紧凑推荐断面

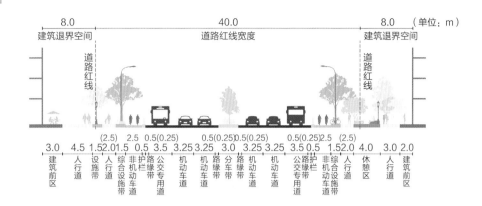

8.0　　　　40.0　　　　8.0　（单位：m）

建筑退界空间　　道路红线宽度　　建筑退界空间

道路红线　　　　　　　道路红线

(2.5) 2.5 0.5(0.25)　　　0.5(0.25) 0.5(0.25)　　　0.5(0.25) 2.5 (2.5)

3.0 4.5 1.52.01.5 0.5 3.5 3.25 3.25 3.0 3.25 3.25 3.5 0.5 1.52.0 4.0 3.0 2.0

建筑前区 | 人行道 | 设施带 | 人行道 | 综合设施带 | 非机动车道 | 护栏 | 路缘带 | 公交专用道 | 机动车道 | 机动车道 | 路缘带 | 分车带 | 路缘带 | 机动车道 | 机动车道 | 公交专用道 | 护栏 | 综合设施带 | 非机动车道 | 人行道 | 休憩区 | 人行道 | 建筑前区

注：当道路设计速度为40或50km/h时，路缘带宽度为0.25m，人行道取括号内值2.5m，道路红线宽度维持40.0m。

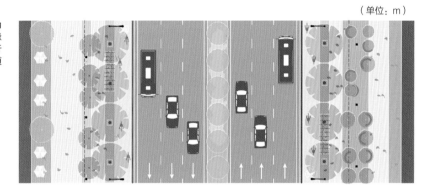

（单位：m）

（5）宽松推荐断面

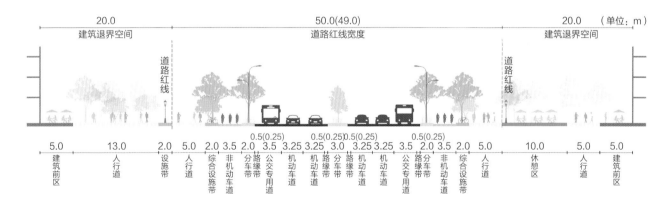

20.0　　　　50.0(49.0)　　　　20.0　（单位：m）

建筑退界空间　　道路红线宽度　　建筑退界空间

道路红线　　　　　　　道路红线

0.5(0.25)　　　0.5(0.25) 0.5(0.25)　　　0.5(0.25)

5.0 13.0 2.0 5.0 2.0 3.5 3.5 3.25 3.25 3.0 3.25 3.25 3.5 2.0 3.5 2.0 5.0 10.0 5.0 5.0

建筑前区 | 人行道 | 设施带 | 人行道 | 综合设施带 | 非机动车道 | 路缘带 | 公交专用道 | 机动车道 | 机动车道 | 路缘带 | 分车带 | 路缘带 | 机动车道 | 机动车道 | 公交专用道 | 路缘带 | 分车带 | 非机动车道 | 综合设施带 | 人行道 | 休憩区 | 人行道 | 建筑前区

注：当道路设计速度为40或50km/h时，路缘带宽度为0.25m，道路红线宽度为49.0m。

（单位：m）

2. 商业干道 Cs

商业干道一般位于核心区与社区中心，街道沿线分布各类公共设施，是具有一定服务能级或业态特色的街道。临街界面为连续开放界面，业态以大型商业、文化娱乐和商务办公为主。

沿街活动：

商业干道的交通功能比商业大街更弱，沿线人群活动密集且多样化，以消费性商业为主，如餐饮、购物等，同时也可容纳非消费性活动，包括拍照、休憩、表演、驻足观看等。

必要活动： 行走、散步、驻足休息。

可有活动： 休闲骑行、购物、亲友聚会、观察、室外咖啡、儿童玩耍、打电话、获取信息、交谈、买卖、拍照、举办活动等。

退界空间形式： 完全开放（详见 5.4.1）
道路设计速度： 30/40/50km/h
行道树种植形式： 独立树池（详见 5.8.3）

（1）设计原则

▨ 秩序与安全　◩ 活力与人文　● 生态与智慧　◐ 品牌与魅力

★★★ 优先实施原则：

 功能复合　 活动舒适　 品牌特色

 文化魅力　 慢行优先　 明星街道

 尺度宜人　 人文关怀

☆☆☆ 弹性控制原则：

 交通有序　 设施整合

（2）活动推荐

行走　　散步　　驻足休息　　休闲骑行　　购物　　亲友聚会　　观察　　室外咖啡

打电话　　儿童玩耍　　获取信息　　交谈　　买卖　　拍照　　举办活动

（3）传统断面

- 缺少分车带，不安全
- 车道过宽不紧凑
- 人行道无商业相关活动
- 临街界面不统一、不美观
- 绿化不足
- 红线外缺乏统一考虑

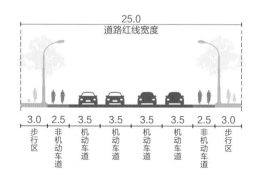

25.0
道路红线宽度

| 3.0 | 2.5 | 3.5 | 3.5 | 3.5 | 3.5 | 2.5 | 3.0 |
| 步行区 | 非机动车道 | 机动车道 | 机动车道 | 机动车道 | 机动车道 | 非机动车道 | 步行区 |

（单位：m）

（4）紧凑推荐断面

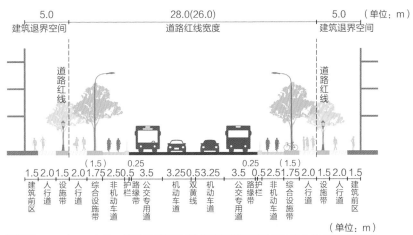

注：当道路设计速度为30km/h时，机、非车道之间无需设置护栏，综合设施带取括号内值1.5m，道路红线宽度为26.0m。

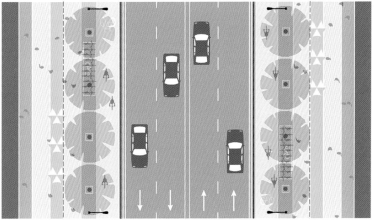

（5）宽松推荐断面

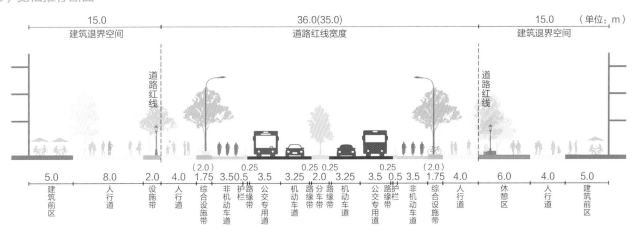

注：当道路设计速度为30km/h时，机、非车道之间无需设置护栏，综合设施带取括号内值2.0m，道路红线宽度为35.0m。　　　　　　　　　　　　　　　（单位：m）

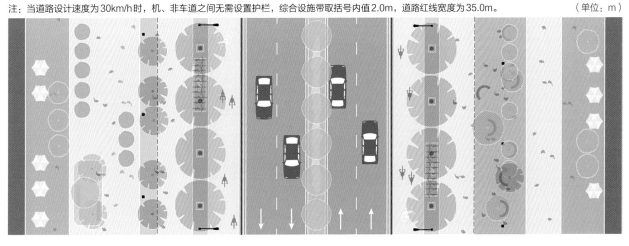

3. 商业街巷 Ds

商业街巷一般位于核心区与社区中心，街道沿线分布各类公共设施，是具有一定服务能级或业态特色的街道。临街界面为连续开放界面，业态以大型商业，文化娱乐和商务办公为主。

沿街活动：

商业街巷的交通功能仅作为辅助，沿线的人群活动十分多样化，消费性活动占据主要地位，如餐饮、购物等，同时也可容纳非消费性活动，包括拍照、休憩、表演、驻足观看等。

必要活动： 行走、散步、驻足休息、交谈。

可有活动： 休闲骑行、购物、亲友聚会、观察、室外咖啡、儿童玩耍、打电话、买卖、吃饭、拍照、举办活动等。

退界空间形式： 完全开放（详见 5.4.1）

道路设计速度： 20/30/40km/h

行道树种植形式： 独立树池（详见 5.8.3）

（1）设计原则

🔲 秩序与安全　　◩ 活力与人文　　◯ 生态与智慧　　⬡ 品牌与魅力

★★★ **优先实施原则：**

 功能复合　　 尺度宜人　　 品牌特色

 文化魅力　　 慢行优先　　 活动舒适

☆☆☆ **弹性控制原则：**

 交通有序　　 人文关怀　　 设施整合

（2）活动推荐

行走　　散步　　驻足休息　　交谈　　休闲骑行　　购物　　亲友聚会　　观察

室外咖啡　　儿童玩耍　　打电话　　买卖　　吃饭　　拍照　　举办活动

（3）传统断面

- 缺少分车带，不安全
- 人行道活动单一
- 缺乏服务性设施
- 红线外缺乏统一考虑
- 沿街底商混乱，建筑立面不美观

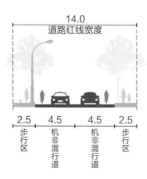

14.0 道路红线宽度

2.5 步行区　4.5 机非混行道　4.5 机非混行道　2.5 步行区

（单位：m）

（4）紧凑推荐断面

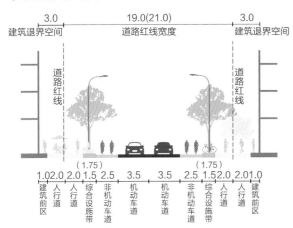

注：当道路设计速度为40km/h时，机、非车道之间需设置护栏，综合设施带取括号内值1.75m，道路红线宽度为21.0m。 （单位：m）

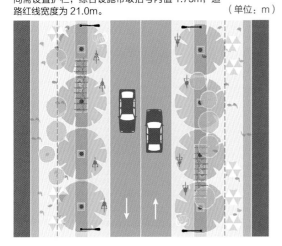

（5）宽松推荐断面

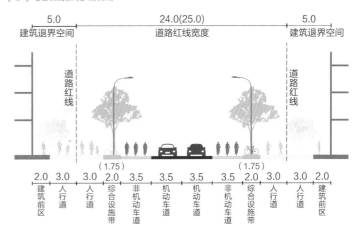

注：当道路设计速度为40km/h时，机、非车道之间需设置护栏，综合设施带取括号内值1.75m，道路红线宽度为25.0m。 （单位：m）

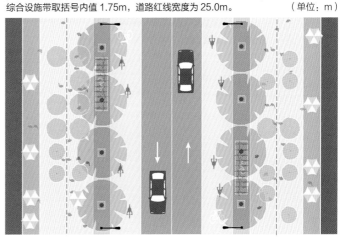

（6）商业型街道设计要素

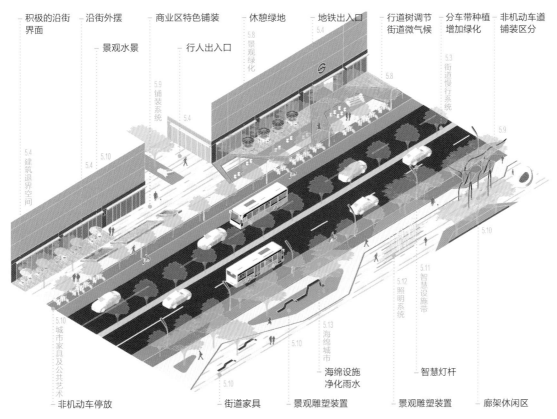

4.7.4 典型街道类型设计——交通型道路

1. 快速路（迎宾大道）At

快速路是城市连接高速公路、国省道的交通干路，串联城市各功能片区，是进入城市的门户通道，具有形象展示的作用。两侧临街界面多为连续封闭界面，以通过性交通为主。

沿街活动：

快速路是交通型街道中较特殊的一类，除了基本的交通功能外，突出形象展示的需求，人的活动需求很少。对于快速路而言，机动车交通构成了交通的主要部分。

必要活动： 行走。

可有活动： 休闲骑行、驻足休息、观察、获取信息、交谈、跑步、散步、拍照等。

退界空间形式： 完全封闭（详见 5.4.1）

道路设计速度： 60/80/100km/h

行道树种植形式： 连续树带（详见 5.8.3）

（1）设计原则

 秩序与安全　 活力与人文　 生态与智慧　 品牌与魅力

★★★ 优先实施原则：

 交通有序　　安全街道　　明星街道

品牌特色　　生态种植　　绿色技术

文化魅力

☆☆☆ 弹性控制原则：

慢行优先　　资源集约　　设施整合

（2）活动推荐

行走　　休闲骑行　　驻足休息　　观察　　获取信息　　交谈　　跑步　　散步

拍照

（3）传统断面

- 缺少分车带，安全性欠佳
- 车道过宽，不紧凑
- 路侧设施带影响人行道通达性
- 绿化不足且缺乏组团感
- 红线外缺乏统一考虑

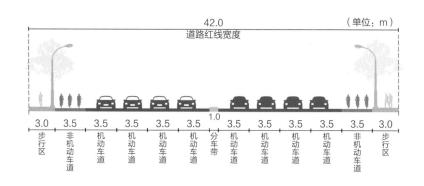

42.0　　　　　　　　（单位：m）
道路红线宽度

| 3.0 | 3.5 | 3.5 | 3.5 | 3.5 | 3.5 | 1.0 | 3.5 | 3.5 | 3.5 | 3.5 | 3.5 | 3.0 |
| 步行区 | 非机动车道 | 机动车道 | 机动车道 | 机动车道 | 机动车道 | 分车带 | 机动车道 | 机动车道 | 机动车道 | 机动车道 | 非机动车道 | 步行区 |

（4）紧凑推荐断面

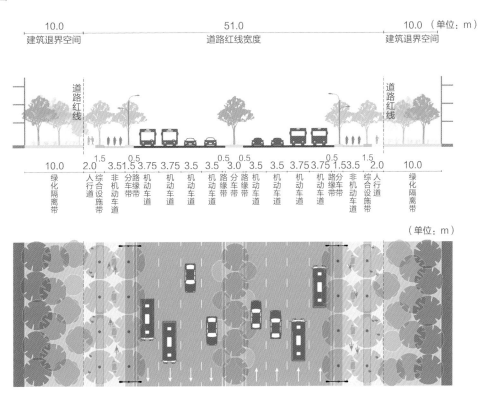

| 10.0 | | 51.0 | | 10.0 （单位：m） |
| 建筑退界空间 | | 道路红线宽度 | | 建筑退界空间 |

道路红线

道路红线

		1.5		0.5					0.5					0.5		1.5				
10.0	2.0	3.5	1.5	3.75	3.75	3.5	3.5	3.0	3.5	3.5	3.75	3.75	1.5	3.5		2.0	10.0
绿化隔离带	人行道	综合设施带	非机动车道	分路缘车带带	机动车道	机动车道	机动车道	路缘带	分路缘车带带	机动车道	机动车道	机动车道	非机动车道	综合设施带		人行道	绿化隔离带

（单位：m）

（5）宽松推荐断面

| 20.0 | | 73.0 | | 20.0 （单位：m） |
| 建筑退界空间 | | 道路红线宽度 | | 建筑退界空间 |

道路红线

道路红线

				0.5			0.5					0.5				0.5				
20.0	3.0	2.0	3.5	2.0	3.5	3.5	2.0	3.75	3.75	3.5	8.0	3.5	3.75	3.75	2.0	3.5	3.5	2.0	3.5	2.0	3.0	20.0
绿化隔离带	人行道	综合设施带	非机动车道	分路缘车带带	机动车道	机动车道	路缘带	机动车道	机动车道	机动车道	分车带	机动车道	机动车道	机动车道	路缘带	机动车道	机动车道	综合设施带	非机动车道	人行道		绿化隔离带

（单位：m）

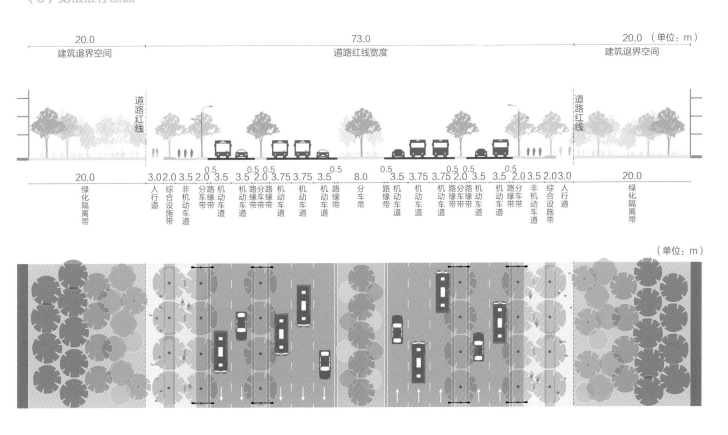

2. 交通主干 Bt

交通主干是城市路网的主骨架，承担内外交通联系，以较强的通过性为主要特征。两侧多为连续封闭界面，以线性通过为主。

沿街活动：

各类交通是交通型街道的主要活动内容。对交通干道而言，机动车交通构成了交通的主要部分。另外，步行、非机动车交通，与机动车到发、临时停靠共同构成了这些街道的主要活动内容。

必要活动：行走、观察。

可有活动：休闲骑行、驻足休息、获取信息、交谈、跑步、散步等。

退界空间形式：部分开发、完全封闭（详见 5.4.1）

道路设计速度：40/50/60km/h

行道树种植形式：连续树带（详见 5.8.3）

（1）设计原则

 秩序与安全　 活力与人文　 生态与智慧　品牌与魅力

★★★ 优先实施原则：

交通有序　　安全街道　　绿色技术

生态种植

☆☆☆ 弹性控制原则：

慢行优先　　资源集约　　明星街道

设施整合

（2）活动推荐

行走　　　观察　　　休闲骑行　　获取信息　　驻足休息　　交谈　　　跑步　　　散步

（3）传统断面

- 缺少分车带不安全
- 车道过宽不紧凑
- 路侧设施带影响人行道通达性
- 绿化不足

（单位：m）

（4）紧凑推荐断面

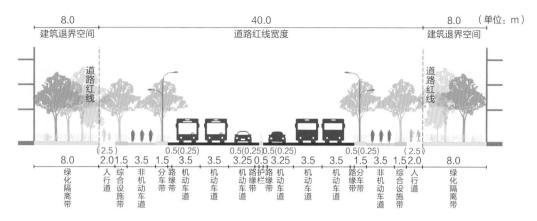

注：当道路设计速度为40或50km/h时，路缘带宽度为0.25m，道路红线宽度维持40.0m，人行道取括号内值2.5m。

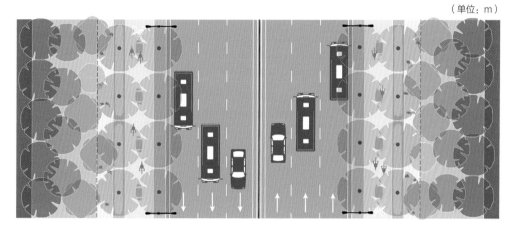

（5）宽松推荐断面

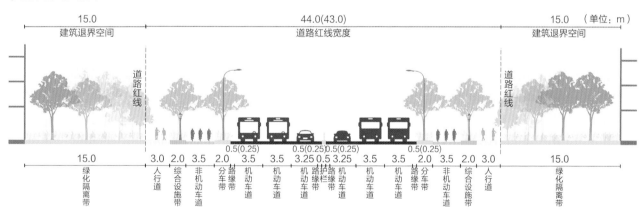

注：当道路设计速度为40或50km/h时，路缘带宽度为0.25m，道路红线宽度为43.0m。

（单位：m）

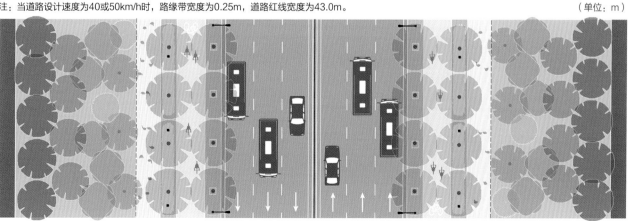

3. 交通次干 Ct

交通次干是城市主干路网骨架的补充,兼具通过与到达的功能。其两侧多为封闭界面,沿线可有少量的公共服务设施。

沿街活动:

各类交通依旧是交通型次干路的主要活动内容,机动车交通构成了交通的主要部分。对于一些社区内部的街道而言,步行、非机动车交通,与机动车到发、临时停靠共同构成了这些街道的主要活动内容。

必要活动:行走、观察。

可有活动:休闲骑行、驻足休息、购物、获取信息、交谈、跑步、散步、拍照等。

退界空间形式:部分开放(详见 5.4.1)

道路设计速度:30/40/50km/h

行道树种植形式:连续树带(详见 5.8.3)

(1)设计原则

 秩序与安全　 活力与人文　 生态与智慧　品牌与魅力

★★★ 优先实施原则:

交通有序　　安全街道　　生态种植

绿色技术

☆☆☆ 弹性控制原则:

 慢行优先　 资源集约　 设施整合

(2)活动推荐

行走　　观察　　休闲骑行　　驻足休息　　购物　　获取信息　　交谈　　跑步

散步　　拍照

(3)传统断面

- 缺少分车带不安全
- 未考虑非机动车和人的诉求
- 路侧设施带影响人行道通达性
- 绿化不足

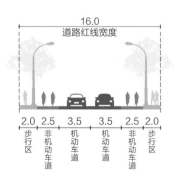

16.0
道路红线宽度

2.0 步行区 / 2.5 非机动车道 / 3.5 机动车道 / 3.5 机动车道 / 2.5 非机动车道 / 2.0 步行区

(单位:m)

（4）紧凑推荐断面

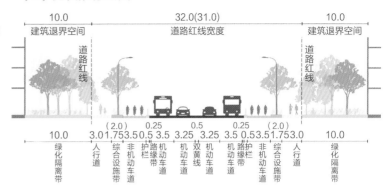

5.0	28.0(26.0)	5.0
建筑退界空间	道路红线宽度	建筑退界空间

道路红线 道路红线

(1.5)2.5 0.25　　0.5　　0.25 2.5(1.5)
5.0 2.0 1.75 3.5　3.25 3.25 3.5 1.75 2.0 5.0

绿化隔离带｜人行道｜综合设施带｜非机动车道｜路缘带｜机动车道｜双黄线｜机动车道｜路缘带｜机动车道｜综合设施带｜人行道｜绿化隔离带

护栏　　　　　　护栏

注：当道路设计速度为30km/h时，机、非车道之间无
需设置护栏，综合设施带取括号内值1.5m，道路红线
宽度为26.0m。

（单位：m）

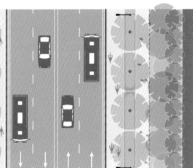

（5）宽松推荐断面

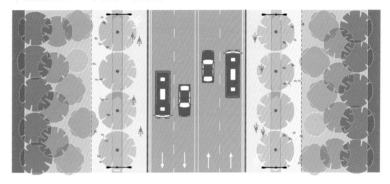

10.0	32.0(31.0)	10.0
建筑退界空间	道路红线宽度	建筑退界空间

道路红线 道路红线

(2.0)　　0.25　　0.5　　0.25　(2.0)
10.0 3.0 1.75 3.5 3.25 3.25 3.5 0.5 3.5 1.75 3.0 10.0

绿化隔离带｜人行道｜综合设施带｜非机动车道｜路缘带｜机动车道｜双黄线｜机动车道｜路缘带｜机动车道｜综合设施带｜人行道｜绿化隔离带

护栏　　　　　护栏

注：当道路设计速度为30km/h时，机、非车道之间无
需设置护栏，综合设施带取括号内值2.0m，道路红线
宽度为31.0m。

（单位：m）

（6）交通型街道设计要素

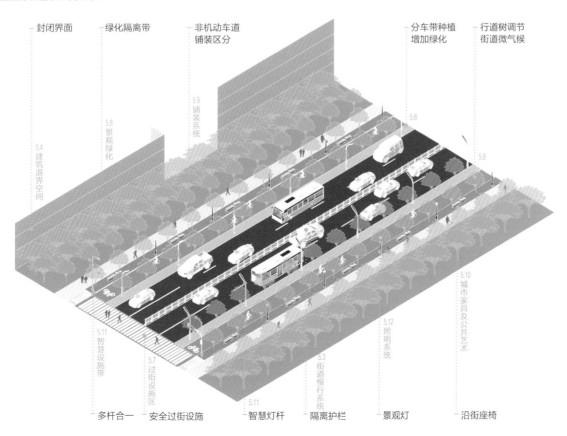

封闭界面　绿化隔离带　非机动车道铺装区分　分车带种植增加绿化　行道树调节街道微气候

5.9 铺装系统　5.8　5.8

5.8 景观绿化

5.4 建筑退界空间

5.10 城市家具及公共艺术

5.12 照明系统

5.3 街道慢行系统

5.11 智慧设施带　5.7 过街设施区

5.11

多杆合一　安全过街设施　智慧灯杆　隔离护栏　景观灯　沿街座椅

4.7.5 典型街道类型设计——景观型道路

1. 景观大道 Bj

景观大道是构成城市道路绿化的网络骨架，两侧通常预留一定宽度的路侧绿带，道路绿化率较高。沿线以景观绿化为主，以通过性交通为主。

沿街活动：

景观大道的沿街活动以漫步、跑步、骑行等休闲活动为主，结合空间节点可以进行健身、休闲等活动。对于景观大道而言，不仅要以营造独特优美的道路景观为目标，更要通过合理宜人的景观配置激发街道活动。

必要活动：行走、驻足休息、休闲骑行、跑步。

可有活动：交谈、观察、亲友聚会、儿童玩耍、打电话、室外健身运动、室外咖啡、跳舞、获取信息、乘公交车、散步、拍照等。

退界空间形式：部分封闭、部分开放（详见 5.4.1）

道路设计速度：40/50/60km/h

行道树种植形式：连续树池、连续树带（详见 5.8.3）

（1）设计原则

 ★★★ 优先实施原则：

慢行优先	明星街道	品牌特色
绿色技术	生态种植	活动舒适
人文关怀	文化魅力	

☆☆☆ 弹性控制原则：

 交通有序　　 安全街道　　 设施整合

（2）活动推荐

行走　　驻足休息　　休闲骑行　　跑步　　交谈　　观察　　亲友聚会　　散步

打电话　　室外健身运动　　室外咖啡　　跳舞　　乘公交车　　获取信息　　儿童玩耍　　拍照

（3）传统断面

- 缺少分车带，不安全
- 人行活动单一且缺乏相关设施与空间
- 路侧设施带影响人行道通达性
- 绿化空间不足且缺乏景观性
- 红线外缺乏统一考虑
- 缺乏城市特色风貌

（4）紧凑推荐断面

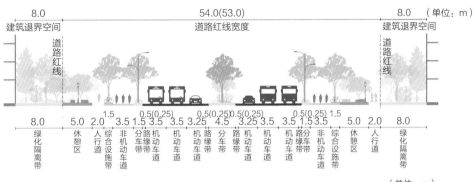

| 8.0 | 54.0（53.0） | 8.0 | （单位：m） |
| 建筑退界空间 | 道路红线宽度 | 建筑退界空间 | |

道路红线 道路红线

| 8.0 | 5.0 | 2.0 | 1.5 | 3.5 | 1.5 | 3.5 | 3.5 | 3.25 | 4.5 | 3.25 | 3.5 | 3.5 | 1.5 | 3.5 | 1.5 | 5.0 | 2.0 | 8.0 |

0.5(0.25) 0.5(0.25) 0.5(0.25) 0.5(0.25)

绿化隔离带 休憩区 人行道 综合设施带 非机动车道 分车带 路缘带 机动车道 机动车道 机动车道 路缘带 分车带 路缘带 机动车道 机动车道 机动车道 路缘带 分车带 非机动车道 综合设施带 休憩区 人行道 绿化隔离带

注：当道路设计速度为40或50km/h时，路缘带宽度为0.25m，道路红线宽度为53.0m。

（单位：m）

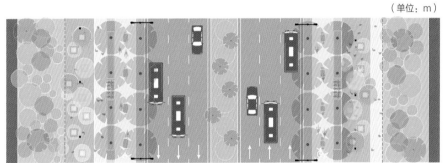

（5）宽松推荐断面

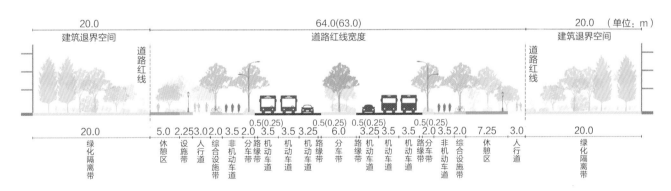

| 20.0 | 64.0（63.0） | 20.0 | （单位：m） |
| 建筑退界空间 | 道路红线宽度 | 建筑退界空间 | |

道路红线 道路红线

| 20.0 | 5.0 | 2.25 | 3.0 | 2.0 | 3.5 | 3.5 | 3.5 | 3.25 | 3.25 | 3.5 | 3.5 | 3.5 | 2.0 | 3.5 | 2.0 | 7.25 | 3.0 | 20.0 |

0.5(0.25) 0.5(0.25) 0.5(0.25)

绿化隔离带 休憩区 设施带 人行道 综合设施带 非机动车道 分车带 路缘带 机动车道 机动车道 机动车道 路缘带 分车带 路缘带 机动车道 机动车道 机动车道 路缘带 分车带 非机动车道 综合设施带 休憩区 人行道 绿化隔离带

注：当道路设计速度为40或50km/h时，路缘带宽度为0.25m，道路红线宽度为63.0m。

（单位：m）

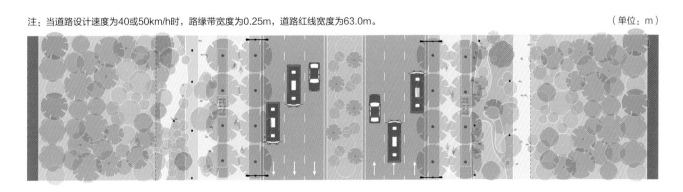

2. 景观干道 Cj

景观干道是景观及历史风貌特色突出、沿线设置集中成规模的休闲活动设施的街道。两侧临街界面多为部分封闭或封闭界面，沿线以景观绿化为主。

沿街活动：

景观干道的沿街活动以漫步、跑步、骑行、交谈等休闲活动为主，结合空间节点可以进行健身、休闲等活动。相比于景观大道，更突出针对周边居民的休闲功能，通过优美的景观激发街道活动，提供给居民一个舒适美观的活动空间。

必要活动：行走、驻足休息、休闲骑行、跑步、交谈。

可有活动：亲友聚会、观察、散步、儿童玩耍、举办活动、室外健身运动、室外咖啡、跳舞、乘公交车、拍照等。

退界空间形式：部分封闭、部分开放（详见 5.4.1）

道路设计速度：30/40/50km/h

行道树种植形式：连续树池、连续树带（详见 5.8.3）

（1）设计原则

■ 秩序与安全　　● 活力与人文　　● 生态与智慧　　⬡ 品牌与魅力

★★★ 优先实施原则：

 慢行优先　　 人文关怀　　 生态种植

 绿色技术　　 品牌特色　　 活动舒适

 文化魅力　　 明星街道

☆☆☆ 弹性控制原则：

 交通有序　　 安全街道　　 设施整合

（2）活动推荐

 行走

 驻足休息

 休闲骑行

 跑步

 交谈

 亲友聚会

 观察

 散步

 儿童玩耍

 举办活动

 室外健身运动

 室外咖啡

 跳舞

 乘公交车

 拍照

（3）传统断面

- 缺少分车带不安全
- 人行活动单一且缺乏相关设施与空间
- 绿化缺乏景观性
- 红线外缺乏统一考虑
- 缺乏特色

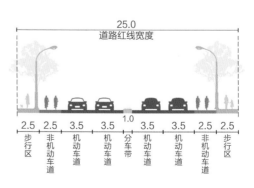

25.0
道路红线宽度

2.5 步行区 | 2.5 非机动车道 | 3.5 机动车道 | 3.5 机动车道 | 1.0 分车带 | 3.5 机动车道 | 3.5 机动车道 | 2.5 非机动车道 | 2.5 步行区

（单位：m）

（4）紧凑推荐断面

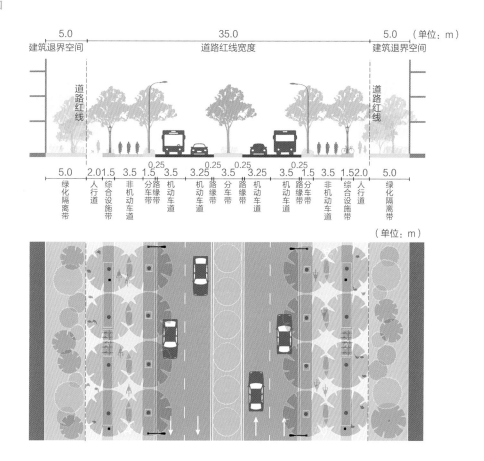

（5）宽松推荐断面

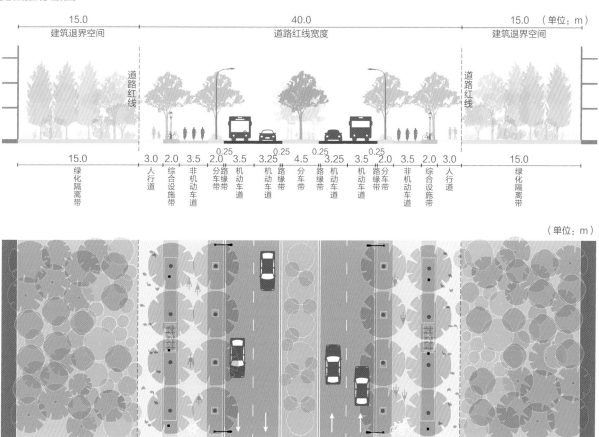

3. 休闲街道 Dj

休闲街道是景观特色突出，以林荫绿化为主的街道，沿线活动呈现出灵活多样的特征。两侧临街界面多为半封闭界面，沿线集中设置各类小型休闲活动设施。

沿街活动：

休闲街道与居民区联系更加紧密，沿街活动关注各个年龄、背景的群体，通过各类街道设施激发漫步、跑步、骑行、交谈、观察等休闲活动，空间节点可以营造为有社区特色的景观休闲场所。

必要活动： 行走、驻足休息、休闲骑行、跑步、观察、交谈。

可有活动： 亲友聚会、散步、儿童玩耍、举办活动、室外健身运动、室外咖啡、跳舞、拍照等。

退界空间形式： 部分封闭（详见 5.4.1）

道路设计速度： 20/30/40km/h

行道树种植形式： 连续树池、连续树带（详见 5.8.3）

（1）设计原则

秩序与安全　活力与人文　生态与智慧　品牌与魅力

★★★ 优先实施原则：

 慢行优先　 品牌特色　 绿色技术

 生态种植　 活动舒适　 文化魅力

 人文关怀

☆☆☆ 弹性控制原则：

 安全街道　 设施整合

（2）活动推荐

 行走　 驻足休息　 休闲骑行　 跑步　 观察　 交谈　 亲友聚会　 散步

 儿童玩耍　 举办活动　 室外健身运动　 室外咖啡　 跳舞　 拍照

（3）传统断面

- 缺少分车带不安全
- 人行活动单一且缺乏相关设施与空间
- 绿化不足
- 红线外缺乏统一考虑

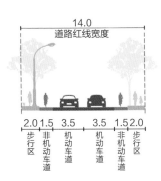

14.0
道路红线宽度

2.0 / 1.5 / 3.5 / 3.5 / 1.5 / 2.0

步行区　非机动车道　机动车道　机动车道　非机动车道　步行区

（单位：m）

（4）紧凑推荐断面

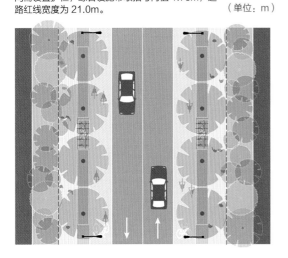

3.0	19.0(21.0)	3.0 |（单位：m）
建筑退界空间	道路红线宽度	建筑退界空间

道路红线　　　道路红线

（1.75）　　　　　　　　　（1.75）

3.0	2.0	1.5	2.5	3.5	3.5	2.5	1.5	2.0	3.0
绿化隔离带	人行道	综合设施带	非机动车道	机动车道	机动车道	非机动车道	综合设施带	人行道	绿化隔离带

注：当道路设计速度为40km/h时，机、非车道之间需设置护栏，综合设施带取括号内值1.75m，道路红线宽度为21.0m。 （单位：m）

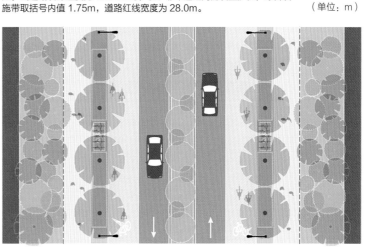

（5）宽松推荐断面

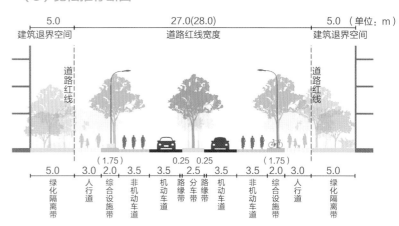

5.0	27.0(28.0)	5.0 |（单位：m）
建筑退界空间	道路红线宽度	建筑退界空间

道路红线　　　道路红线

（1.75）　　　　　0.25　0.25　　　　（1.75）

5.0	3.0	2.0	3.5	3.5	路缘带	分车带	路缘带	3.5	3.5	2.0	3.0	5.0
绿化隔离带	人行道	综合设施带	非机动车道	机动车道				机动车道	非机动车道	综合设施带	人行道	绿化隔离带

注：当道路设计速度为40km/h时，机、非车道之间需设置护栏，综合设施带取括号内值1.75m，道路红线宽度为28.0m。 （单位：m）

（6）景观型街道设计要素

封闭界面　丰富的种植配置　休闲座椅树荫乘凉　小型广场　分车带种植增加绿化　非机动车道铺装区分　行道树调节街道微气候

智慧灯杆　非机动车停放　雨水花园　雕塑装置　聚会空间　景观灯灵活布置

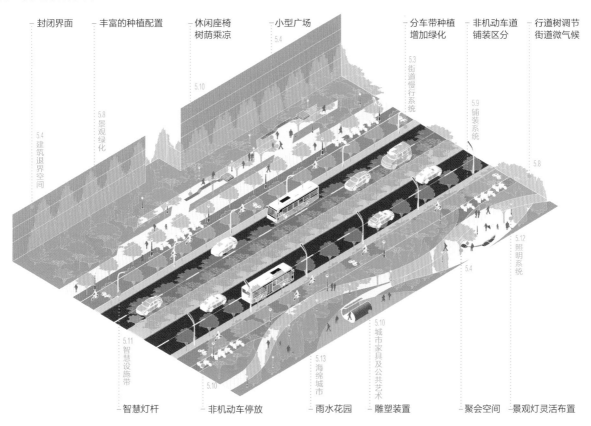

4.7.6 典型街道类型设计——工业型道路

1. 工业大道 Bg

工业大道串联工业或者产业类片区，街道周边主要分布各类工业、产业园区、厂房、仓库等，两侧多为封闭界面，通常设有围墙等隔离设施，路侧绿化带设计时注意隔绝内外环境。交通以线性通过为主，应注意考虑大型车辆通行需求。

沿街活动：

工业大道主要服务于工厂和产业园，在保障大型机动车通行的前提下，保证行人和非机动车的安全，提升通行体验。两侧宜设置绿化带，用以阻隔废气、吸收污染物，同时塑造工业区的整体风貌。

必要活动：行走。

可有活动：驻足休息、休闲骑行、交谈、拍照、观察、打电话等。

退界空间形式：部分开放、完全封闭（详见 5.4.1）

道路设计速度：40/50/60km/h

行道树种植形式：连续树带（详见 5.8.3）

（1）设计原则

 秩序与安全　 活力与人文　 生态与智慧　品牌与魅力

★★★ 优先实施原则：

 交通有序　　安全街道　　资源集约

慢行优先　　生态种植　　绿色技术

 品牌特色

☆☆☆ 弹性控制原则：

 明星街道　　 设施整合

（2）活动推荐

行走　　驻足休息　　休闲骑行　　交谈　　拍照　　观察　　打电话

（3）传统断面

- 车道未考虑大型车辆通行
- 非机动车与机动车距离过近，有安全隐患
- 绿化不足
- 绿化隔离带种植密度不足

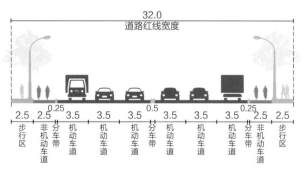

（单位：m）

（4）紧凑推荐断面

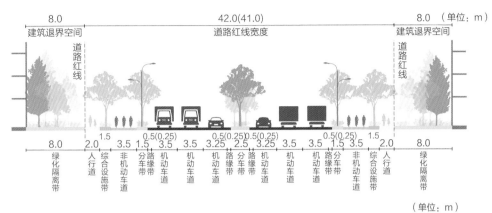

8.0	42.0(41.0)	8.0 （单位：m）
建筑退界空间	道路红线宽度	建筑退界空间

道路红线　道路红线

8.0	2.0	1.5	3.5	1.5	3.5	3.5	3.25	2.5	3.25	3.5	3.5	1.5	3.5	2.0	8.0
绿化隔离带	人行道	综合设施带	非机动车道	分车缘带	机动车道	机动车道	机动车道	路缘带	机动车道	机动车道	机动车道	分车缘带	非机动车道	综合设施带	绿化隔离带

0.5(0.25) 0.5(0.25) 0.5(0.25) 0.5(0.25)

注：当道路设计速度为40或50km/h时，路缘带宽度为0.25m，道路红线宽度为41.0m。

（单位：m）

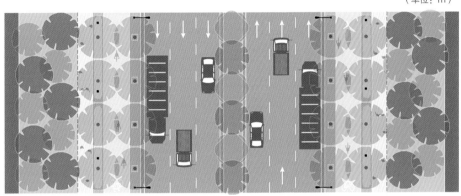

（5）宽松推荐断面

15.0	48.0(47.0)	15.0 （单位：m）
建筑退界空间	道路红线宽度	建筑退界空间

道路红线　道路红线

15.0	3.0	2.0	3.5	2.0	3.5	3.5	3.25	4.5	3.25	3.5	3.5	2.0	3.5	2.0	3.0	15.0
绿化隔离带	人行道	综合设施带	非机动车道	分车缘带	机动车道	机动车道	机动车道	路缘带	机动车道	机动车道	机动车道	分车缘带	非机动车道	综合设施带	人行道	绿化隔离带

0.5(0.25) 0.5(0.25) 0.5(0.25) 0.5(0.25)

注：当道路设计速度为40或50km/h时，路缘带宽度为0.25m，道路红线宽度为47.0m。

（单位：m）

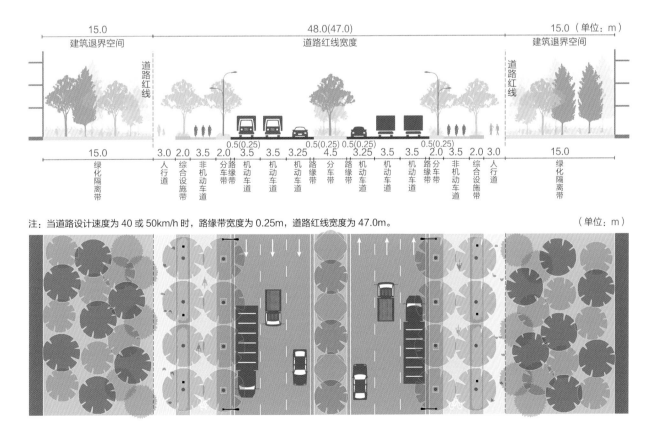

2. 工业干道 Cg

工业干道一般出现在工业或产业园区中心，街道周边分布产业园区或仓储空间的出入口，应特别注意车辆出入园区的需求。

沿街活动：

工业干道沿街分布机动车出入口，需要对人行道和非机动车道进行合理规划，保障安全。绿化隔离带阻隔污染，在园区附近可适当打开界面，增进街道活力。园区干道可综合考虑更多行人的需求，为员工提供休息空间，丰富园区体验。

必要活动： 行走、驻足休息。

可有活动： 休闲骑行、交谈、拍照、室外咖啡、购物、吃饭、打电话、散步、观察等。

退界空间形式： 部分封闭、部分开放（详见 5.4.1）

道路设计速度： 30/40/50km/h

行道树种植形式： 连续树带（详见 5.8.3）

（1）设计原则

 秩序与安全　 活力与人文　 生态与智慧　品牌与魅力

★★★ 优先实施原则：

 交通有序　安全街道　资源集约

慢行优先　生态种植　绿色技术

☆☆☆ 弹性控制原则：

 设施整合　 品牌特色　 明星街道

（2）活动推荐

 行走　 驻足休息　 休闲骑行　 交谈　 拍照　 室外咖啡　 购物　 吃饭

 打电话　 散步　 观察

（3）传统断面

- 非机动车与机动车共板，存在安全隐患
- 绿化不足
- 街道设施不足
- 缺少休闲空间

22.0
道路红线宽度

| 2.0 步行区 | 1.5 非机动车道 | 3.5 机动车道 | 3.5 机动车道 | 1.0 分车带 | 3.5 机动车道 | 3.5 机动车道 | 1.5 非机动车道 | 2.0 步行区 |

（单位：m）

（4）紧凑推荐断面

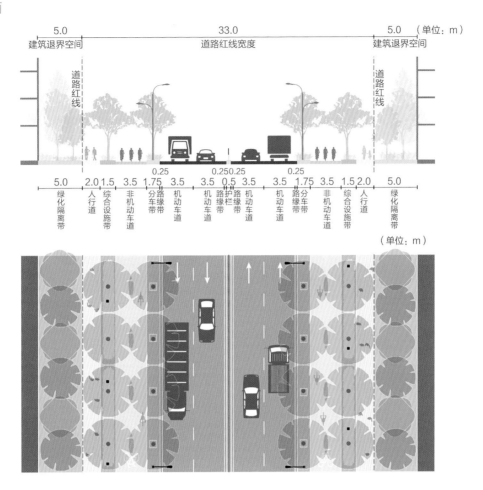

（5）宽松推荐断面

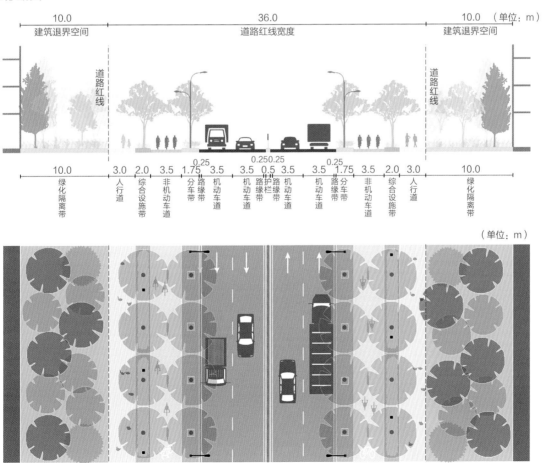

3. 园区支路 Dg

一般位于产业或者工业板块的核心区域，沿街分布有产业园区的装卸货区域以及各类公共服务设施。两侧多为封闭或者半开放的界面，主要考虑临时装卸货区域的设置以及行人的通行安全。

沿街活动：

园区支路相比于干道，交通性减弱，出入口密度更大，有临时停靠需求，要注意人车分流，增加绿化分隔。行步道可增加配套的休息、购物等服务型功能。

必要活动：行走、驻足休息。

可有活动：交谈、休闲骑行、拍照、室外咖啡、亲友聚会、购物、打电话、观察、吃饭、散步等。

退界空间形式：部分封闭、部分开放（详见 5.4.1）

道路设计速度：20/30/40km/h

行道树种植形式：连续树带（详见 5.8.3）

（1）设计原则

 秩序与安全   活力与人文   生态与智慧 品牌与魅力

★★★ 优先实施原则：

 交通有序   安全街道   生态种植

资源集约   绿色技术

☆☆☆ 弹性控制原则：

 慢行优先   设施整合

（2）活动推荐

行走　　驻足休息　　交谈　　休闲骑行　　拍照　　室外咖啡　　亲友聚会　　购物

打电话　　观察　　吃饭　　散步

（3）传统断面

- 非机动车与机动车共板，存在安全隐患
- 绿化不足
- 街道设施不足
- 缺少休闲空间

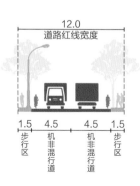

12.0
道路红线宽度

| 1.5 步行区 | 4.5 机非混行道 | 4.5 机非混行道 | 1.5 步行区 |

（单位：m）

（4）紧凑推荐断面

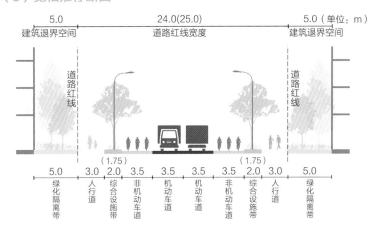

3.0	19.0(21.0)	3.0 （单位：m）
建筑退界空间	道路红线宽度	建筑退界空间

3.0	2.0	1.5	2.5	3.5	3.5	2.5	1.5	2.0	3.0
绿化隔离带	人行道	综合设施带	非机动车道	机动车道	机动车道	非机动车道	综合设施带	人行道	绿化隔离带

注：当道路设计速度为40km/h时，机、非车道之间需设置护栏，综合设施带取括号内值1.75m，道路红线宽度为21.0m。

（单位：m）

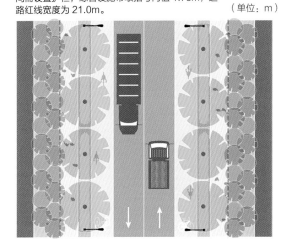

（5）宽松推荐断面

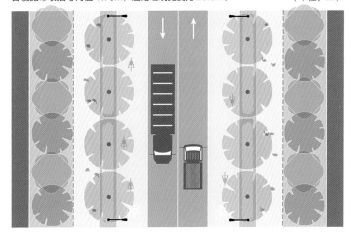

5.0	24.0(25.0)	5.0 （单位：m）
建筑退界空间	道路红线宽度	建筑退界空间

5.0	3.0	2.0	3.5	3.5	3.5	3.5	2.0	3.0	5.0
绿化隔离带	人行道	综合设施带	非机动车道	机动车道	机动车道	非机动车道	综合设施带	人行道	绿化隔离带

注：当道路设计速度为40km/h时，机、非车道之间需设置护栏，综合设施带取括号内值1.75m，道路红线宽度为25.0m。

（单位：m）

（6）工业型街道设计要素

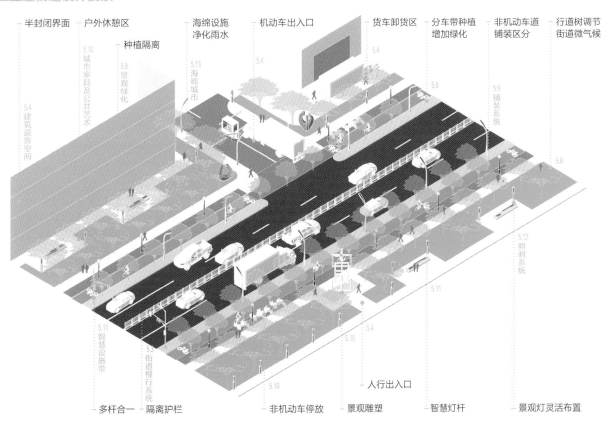

4.7.7　典型街道类型设计——综合型道路

1. 综合大道 Bz

综合大道一般位于核心区边缘，街道沿线土地用途多样化，混合居住、办公、娱乐、零售等街道服务。两侧多为开放式界面或部分开放界面。

沿街活动：

综合大道的功能分布和界面类型都较为混合，设计应当兼顾各类型特征要求，有针对性地开展街道设计。城市中主要以生活、商业、文化、办公等功能混合为主，应穿插布置各类设施，实现区域过渡，增加街道活力。

必要活动： 行走、散步。

可有活动： 休闲骑行、驻足休息、交谈、观察、亲友聚会、购物、儿童玩耍、跑步、室外健身运动、室外咖啡、跳舞、拍照、棋牌活动、获取信息等。

退界空间形式： 完全开放、部分封闭、部分开放（详见5.4.1）

道路设计速度： 40/50/60km/h

行道树种植形式： 独立树池、连续树池（详见5.8.3）

（1）设计原则

■ 秩序与安全　　● 活力与人文　　● 生态与智慧　　⬡ 品牌与魅力

★★★ 优先实施原则：

 安全街道　　 慢行优先　　 活动舒适

 品牌特色　　 人文关怀

☆☆☆ 弹性控制原则：

 设施整合　　 明星街道　　 资源集约

（2）活动推荐

行走　　散步　　休闲骑行　　驻足休息　　交谈　　观察　　亲友聚会　　购物

儿童玩耍　　跑步　　室外健身运动　　室外咖啡　　跳舞　　拍照　　棋牌活动　　获取信息

（3）传统断面

- 人行道活动单一，空间狭窄
- 缺少休闲场所
- 街道风貌混乱无序
- 车道过宽不紧凑
- 绿化不足，缺少树荫
- 红线外缺乏统一考虑

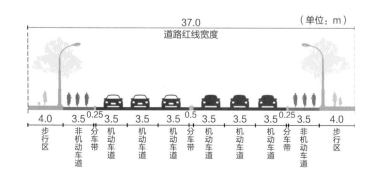

（4）紧凑推荐断面

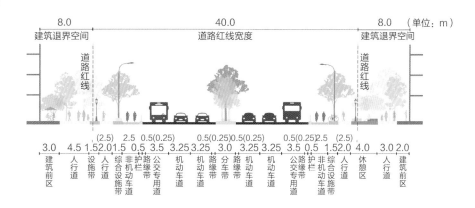

| 8.0 | | 40.0 | | 8.0 | （单位：m） |
| 建筑退界空间 | | 道路红线宽度 | | 建筑退界空间 | |

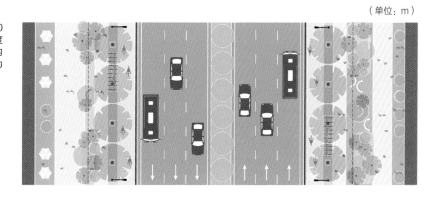

注：当道路设计速度为40或50km/h时，路缘带宽度为0.25m，人行道取括号内值2.5m，道路红线宽度为40.0m。

（单位：m）

（5）宽松推荐断面

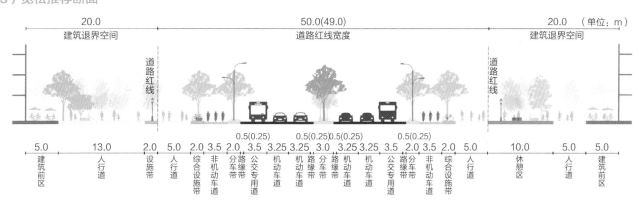

| 20.0 | | 50.0(49.0) | | 20.0 | （单位：m） |
| 建筑退界空间 | | 道路红线宽度 | | 建筑退界空间 | |

注：当道路设计速度为40或50km/h时，路缘带宽度为0.25m，道路红线宽度为49.0m。

（单位：m）

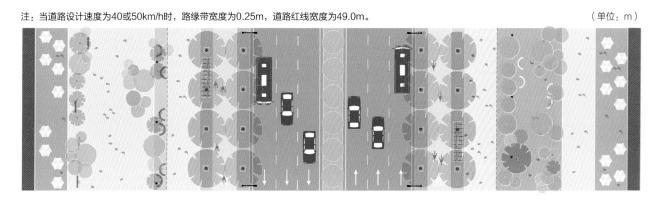

2. 综合次路 Cz

综合次路一般位于核心区，街道沿线分布各类公共设施，具有一定服务能级或业态特色。临街界面为连续开放界面，业态丰富多样。

沿街活动：

综合次路在功能分布和界面类型的混合程度上比主路更高，承载更多的城市生活。设计应当因地制宜分析周边需求，有针对性地进行街道设计，布置灵活的活动空间，并注意混合类型中风貌的营造，保持街道活力的同时，突出街道的特色。

必要活动：行走、散步、交谈。

可有活动：休闲骑行、室外咖啡、亲友聚会、观察、儿童玩耍、获取信息、跑步、棋牌活动、购物、举办活动、跳舞、拍照、买卖、乘公交车等。

退界空间形式：完全开放、部分封闭、部分开放（详见5.4.1）

道路设计速度：30/40/50km/h

行道树种植形式：独立树池、连续树池（详见5.8.3）

（1）设计原则

▥ 秩序与安全　◩ 活力与人文　◉ 生态与智慧　⬡ 品牌与魅力

★★★ 优先实施原则：

 安全街道　 慢行优先　 功能复合

 活动舒适　 品牌特色　 人文关怀

☆☆☆ 弹性控制原则：

 设施整合　 资源集约　 明星街道

（2）活动推荐

行走　散步　交谈　休闲骑行　室外咖啡　亲友聚会　观察　儿童玩耍　获取信息

跑步　棋牌活动　购物　举办活动　跳舞　拍照　买卖　乘公交车

（3）传统断面

- 人行道空间不足
- 空间未根据业态进行对应的调整
- 街道风貌混乱无序
- 车道过宽不紧凑
- 绿化不足，缺少树荫
- 红线外缺乏统一考虑

| 25.0 道路红线宽度 |
| 3.0 步行区 | 2.5 非机动车道 | 3.5 机动车道 | 3.5 机动车道 | 3.5 机动车道 | 3.5 机动车道 | 2.5 非机动车道 | 3.0 步行区 |

（单位：m）

（4）紧凑推荐断面

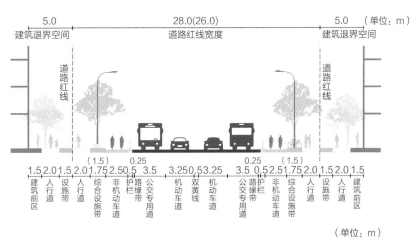

注：当道路设计速度为30km/h时，机、非车道之间无需设置护栏，综合设施带取括号内值1.5m，道路红线宽度为26.0m。

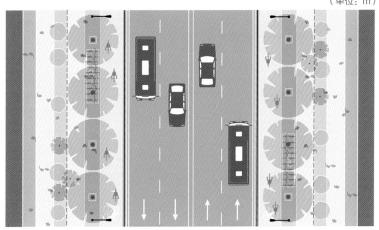

（5）宽松推荐断面

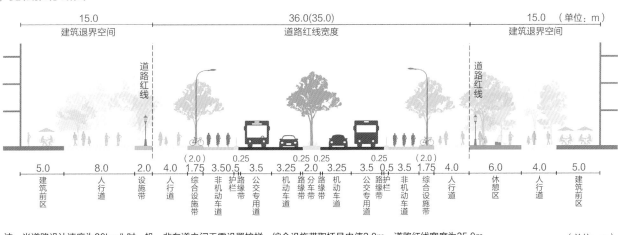

注：当道路设计速度为30km/h时，机、非车道之间无需设置护栏，综合设施带取括号内值2.0m，道路红线宽度为35.0m。

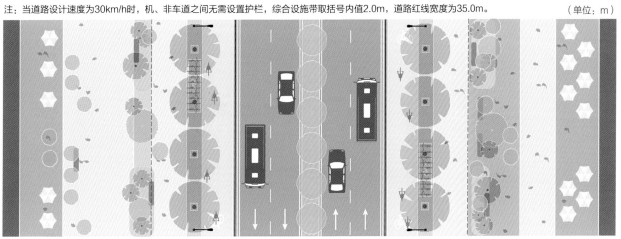

3. 综合街道 Dz

综合街道一般位于核心区，街道沿线分布各类公共设施。两侧多为连续开放界面，业态丰富多样，功能复合。

沿街活动：

综合街道是城市中最为常见的街道形式，功能业态相互复合，变化多样。设计应从周边环境出发，保持多元类型，寻找高效、灵活的可能性，以提高市民的使用度和参与度。

必要活动：行走、散步、交谈、驻足休息。

可有活动：休闲骑行、观察、亲友聚会、跑步、购物、棋牌活动、吃饭、室外咖啡、拍照、买卖、儿童玩耍等。

退界空间形式：完全开放、部分封闭（详见 5.4.1）
道路设计速度：20/30/40km/h
行道树种植形式：独立树池、连续树池（详见 5.8.3）

（1）设计原则

 ■ 秩序与安全　◩ 活力与人文　◉ 生态与智慧　⬢ 品牌与魅力

★★★ 优先实施原则：

 安全街道　 慢行优先　 功能复合

 活动舒适　 人文关怀

☆☆☆ 弹性控制原则：

 设施整合　 资源集约

（2）活动推荐

行走　　散步　　交谈　　驻足休息　　休闲骑行　　观察　　亲友聚会　　跑步

购物　　棋牌活动　　吃饭　　室外咖啡　　拍照　　买卖　　儿童玩耍

（3）传统断面

- 人行道空间严重不足
- 车道过宽不紧凑
- 非机动车道过窄
- 绿化不足，缺少树荫
- 红线外缺乏统一考虑

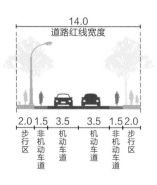

14.0
道路红线宽度

2.0 | 1.5 | 3.5 | 3.5 | 1.5 | 2.0
步行区 | 非机动车道 | 机动车道 | 机动车道 | 非机动车道 | 步行区

（单位：m）

（4）紧凑推荐断面

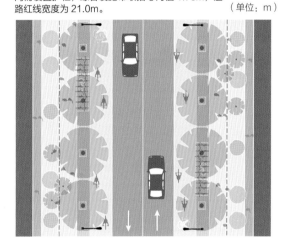

3.0	19.0(21.0)	3.0 （单位：m）
建筑退界空间	道路红线宽度	建筑退界空间

注：当道路设计速度为40km/h时，机、非车道之间需设置护栏，综合设施带取括号内值1.75m，道路红线宽度为21.0m。 （单位：m）

（5）宽松推荐断面

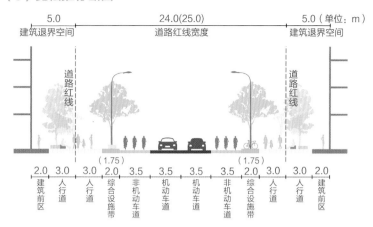

5.0	24.0(25.0)	5.0 （单位：m）
建筑退界空间	道路红线宽度	建筑退界空间

注：当道路设计速度为40km/h时，机、非车道之间需设置护栏，综合设施带取括号内值1.75m，道路红线宽度为25.0m。 （单位：m）

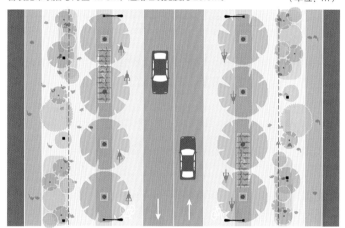

（6）综合型街道设计要素

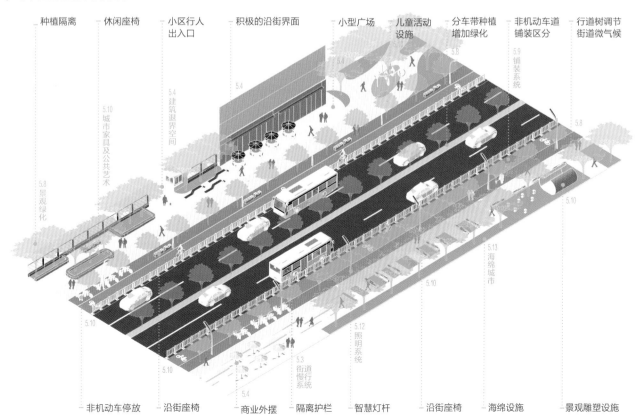

4.7.8 典型街道类型设计——特定型道路

1. 步行街 Fx

步行街是在交通集中的城市中心区设置的步行专用道，并逐渐在周围形成商业街区。其原则上排除汽车交通，外围设停车场，是行人优先活动区。徒步街与徒步购物街的意义一样，可通称为步行街。步行街是城市步行系统的一部分，也是为了振兴旧区、恢复城市中心区活力、保护传统街区而采用的一种城市建设方法。

沿街活动：

步行街服务于行人，两侧宜采取开放、活跃的界面，激发商业活力，为行人提供安全、舒适、便捷的步行和休息空间。步行街常常作为城市的旅游目的地，通过有特色的整体风貌设计可有效提升城市形象。

必要活动：行走、散步、购物。

可有活动：驻足休息、拍照、交谈、观察、亲友聚会、儿童玩耍、打电话、跳舞、室外咖啡、获取信息、买卖等。

退界空间形式：完全开放（详见 5.4.1）

（1）设计原则

■ 秩序与安全　　▲ 活力与人文　　● 生态与智慧　　⬡ 品牌与魅力

★★★ 优先实施原则：

 慢行优先　　 品牌特色　　 文化魅力

活动舒适　　尺度宜人　　人文关怀

 明星街道

☆☆☆ 弹性控制原则：

 功能复合　　 设施整合　　 生态种植

（2）活动推荐

行走　　　散步　　　购物　　　驻足休息　　拍照　　　交谈　　　观察　　　亲友聚会

儿童玩耍　　打电话　　跳舞　　　室外咖啡　　获取信息　　买卖

（3）传统断面

- 设施不足
- 分区不明确
- 外摆混乱
- 绿化不足

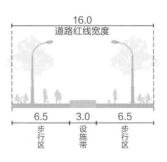

（单位：m）

（4）紧凑推荐断面

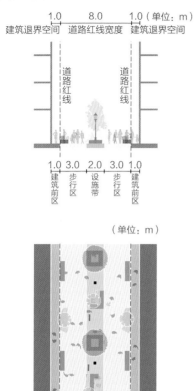

1.0　　8.0　　1.0（单位：m）
建筑退界空间　道路红线宽度　建筑退界空间

道路红线　　道路红线

1.0　3.0　2.0　3.0　1.0
建筑前区　步行区　设施带　步行区　建筑前区

（单位：m）

（5）宽松推荐断面

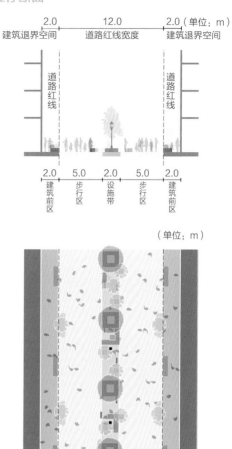

2.0　　12.0　　2.0（单位：m）
建筑退界空间　道路红线宽度　建筑退界空间

道路红线　　道路红线

2.0　5.0　2.0　5.0　2.0
建筑前区　步行区　设施带　步行区　建筑前区

（单位：m）

（6）步行街设计要素

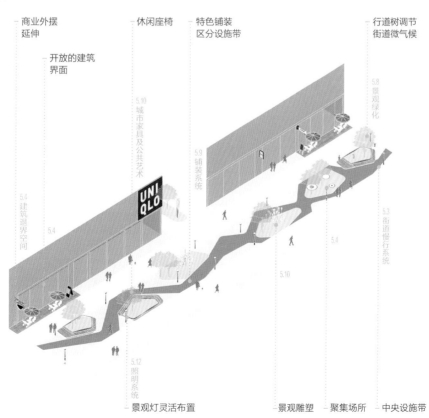

商业外摆延伸　　休闲座椅　特色铺装区分设施带　　行道树调节街道微气候

开放的建筑界面

5.10 城市家具及公共艺术

5.8 景观绿化

5.9 铺装系统

5.4 建筑退界空间

5.4

5.3 街道慢行系统

5.4

5.10

5.12 照明系统

景观灯灵活布置　　景观雕塑　聚集场所　中央设施带

2. 公交走廊 Tx

公交走廊即公交客流走廊，是由一条公交线路或多条公交线路组成的道路，最短长度为 3km，并设有专用的公交车道，可以提供类似轨道交通的运载能力、乘客服务和运营速度，运营系统更为灵活。

沿街活动：

公交走廊作为城市的公共交通骨干，承载较大的客流运量，需充分考虑道路中央站点的人行可达性，保证运输效率，提升乘坐体验。过街可采用天桥、地道、交通岛等方式，保障行人的安全和方便。街道两侧以通过性空间为主，也可以设置一定的休息空间作为过渡。使用绿化带隔断污染的同时提供了宜人的景观效果。

必要活动：行走、乘公交车。

可有活动：休闲骑行、交谈、观察、驻足休息、购物、获取信息等。

退界空间形式：部分封闭、部分开放（详见 5.4.1）

道路设计速度：40/50/60km/h

（1）设计原则

 秩序与安全　 活力与人文　 生态与智慧　● 品牌与魅力

★★★ 优先实施原则：

 安全街道　　交通有序　　绿色出行

慢行优先　　资源集约　　智慧服务

☆☆☆ 弹性控制原则：

 设施整合　　 生态种植

（2）活动推荐

行走　　乘公交车　　休闲骑行　　交谈　　观察　　驻足休息　　购物　　获取信息

（3）传统断面

- 非机动车与机动车缺少分隔
- 行人到车站缺乏过街设施
- 道路过宽，行人通行不便
- 绿化不足

| 40.0 |
| 道路红线宽度 |

3.0 步行区　2.5 非机动车道　3.5 机动车道　3.5 机动车道　3.5 机动车道　3.5 公交专用道　1.0 双黄线　3.5 公交专用道　3.5 机动车道　3.5 机动车道　3.5 机动车道　2.5 非机动车道　3.0 步行区

（单位：m）

（4）紧凑推荐断面

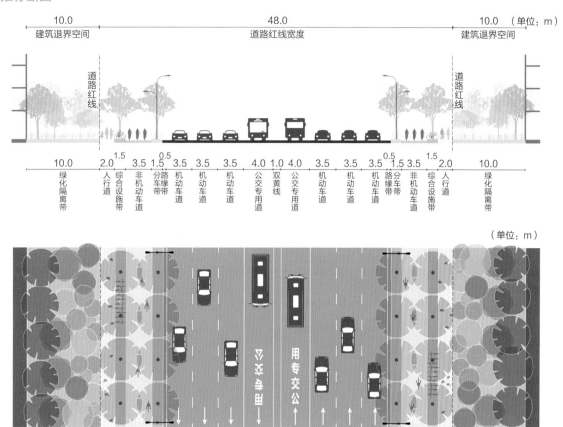

| | 10.0 | | | | 48.0 | | | | | | | | | | | | | | | 10.0 | （单位：m） |
| 建筑退界空间 | | | | | 道路红线宽度 | | | | | | | | | | | | | | | 建筑退界空间 | |

| 10.0 | 2.0 | 1.5 | 3.5 | 1.5 | 3.5 | 3.5 | 3.5 | 4.0 | 1.0 | 4.0 | 3.5 | 3.5 | 3.5 | 0.5 | 1.5 | 3.5 | 1.5 | 2.0 | 10.0 |
| 绿化隔离带 | 人行道 | 综合设施带 | 非机动车道 | 分车缘带 | 机动车道 | 机动车道 | 机动车道 | 公交专用道 | 双黄线 | 公交专用道 | 机动车道 | 机动车道 | 机动车道 | 路缘带 | 分车带 | 非机动车道 | 综合设施带 | 人行道 | 绿化隔离带 |

（单位：m）

（5）宽松推荐断面

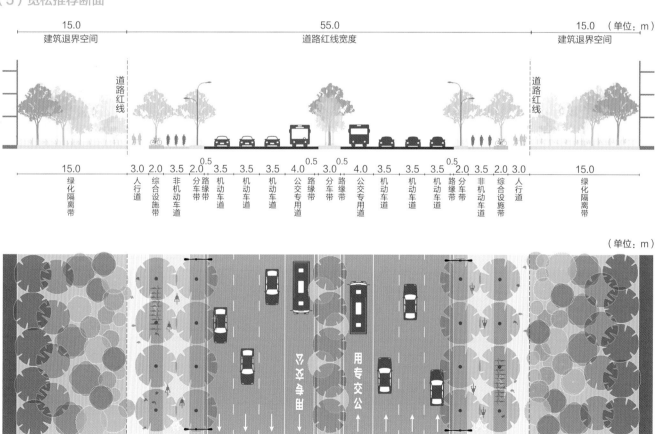

| | 15.0 | | | | 55.0 | | | | | | | | | | | | | | | 15.0 | （单位：m） |
| 建筑退界空间 | | | | | 道路红线宽度 | | | | | | | | | | | | | | | 建筑退界空间 | |

| 15.0 | 3.0 | 2.0 | 3.5 | 2.0 | 0.5 3.5 | 3.5 | 3.5 | 4.0 | 0.5 3.0 | 0.5 4.0 | 3.5 | 3.5 | 3.5 | 0.5 2.0 | 3.5 | 2.0 | 3.0 | 15.0 |
| 绿化隔离带 | 人行道 | 综合设施带 | 非机动车道 | 分车缘带 | 机动车道 | 机动车道 | 机动车道 | 公交专用道 | 路缘带 | 分车带 路缘带 | 公交专用道 | 机动车道 | 机动车道 | 机动车道 | 路缘带 分车带 | 非机动车道 | 综合设施带 | 人行道 | 绿化隔离带 |

（6）公交走廊设计要素

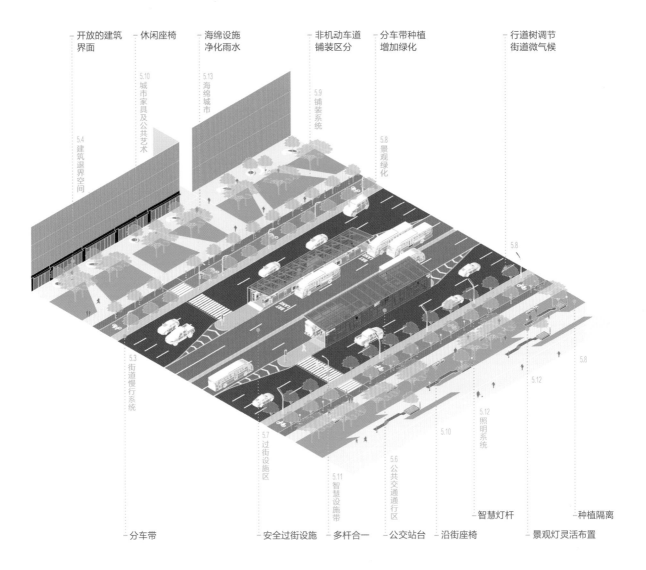

开放的建筑界面　　休闲座椅　　海绵设施净化雨水　　非机动车道铺装区分　　分车带种植增加绿化　　行道树调节街道微气候

5.10 城市家具及公共艺术

5.13 海绵城市

5.9 铺装系统

5.8 景观绿化

5.4 建筑退界空间

5.8

5.3 街道慢行系统

5.8

5.12

5.12 照明系统

5.10

5.7 过街设施区

5.11 智慧设施带

5.6 公共交通通行区

分车带　　　安全过街设施　　多杆合一　　公交站台　　沿街座椅　　景观灯灵活布置

智慧灯杆　　种植隔离

3. 滨水慢行道 Wx

滨水慢行道是滨水绿地等公园绿地内的慢行道，以景观休闲和健身功能为主。主路对外开放、出入口位置与城市道路相接，方便慢行穿越。鼓励设置跑步道、自行车专用道等特殊类型的慢行道。

沿街活动：

滨水慢行道作为重要的城市公共空间，是周边居民日常的休闲场所。绿道不仅能为城市提供亲水场所，也创造了不同层次的步行、跑步、骑行、休憩空间，提供了便捷的服务设施。丰富的绿化和有活力的风貌，在提升城市环境的同时，更能增添城市的文化内涵。合理处理水岸高差，还能够实现生态修复、防洪净水的生态功能。

必要活动：行走、散步、跑步。

可有活动：驻足休息、交谈、亲友聚会、观察、拍照、休闲骑行、儿童玩耍、跳舞、室外健身运动、室外咖啡、棋牌活动等。

（1）设计原则

秩序与安全　　活力与人文　　生态与智慧　　品牌与魅力

★★★ 优先实施原则：

 慢行优先　　 活动舒适　　 人文关怀

 生态种植　　 文化魅力　　 品牌特色

 明星街道

☆☆☆ 弹性控制原则：

 绿色技术　　 设施整合

（2）活动推荐

行走　　　　散步　　　　跑步　　　驻足休息　　　交谈　　　亲友聚会　　　观察　　　　拍照

休闲骑行　　　儿童玩耍　　　跳舞　　室外健身运动　　室外咖啡　　棋牌活动

（3）传统断面

- 缺少亲水空间
- 人行道和非机动车道过窄
- 行人休闲空间不足
- 绿化欠美观，无法体现城市特色
- 未考虑雨水处理、防洪等生态问题

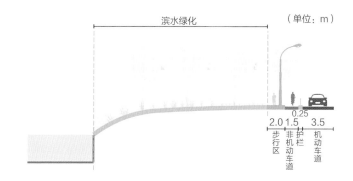

（4）紧凑推荐断面

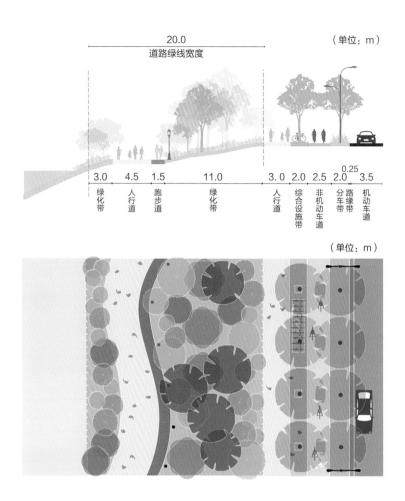

20.0
道路绿线宽度

（单位：m）

3.0	4.5	1.5	11.0	3.0	2.0	2.5	2.0	0.25	3.5
绿化带	人行道	跑步道	绿化带	人行道	综合设施带	非机动车道	分车带	路缘带	机动车道

（单位：m）

（5）宽松推荐断面

50.0
道路绿线宽度
（单位：m）

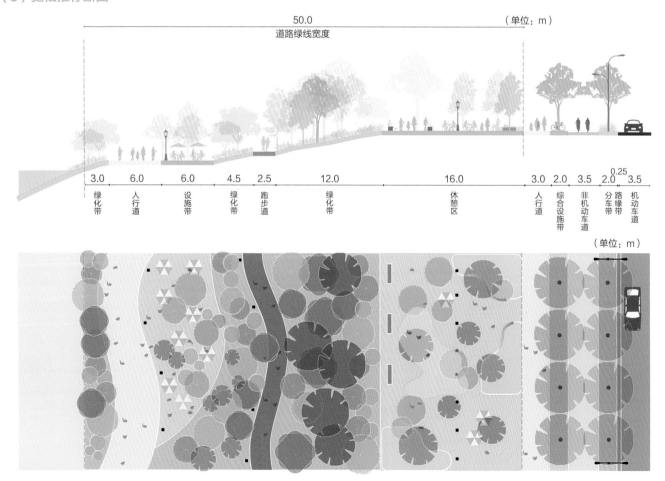

3.0	6.0	6.0	4.5	2.5	12.0	16.0	3.0	2.0	3.5	2.0	0.25	3.5
绿化带	人行道	设施带	绿化带	跑步道	绿化带	休憩区	人行道	综合设施带	非机动车道	分车带	路缘带	机动车道

（单位：m）

（6）滨水慢行道设计要素

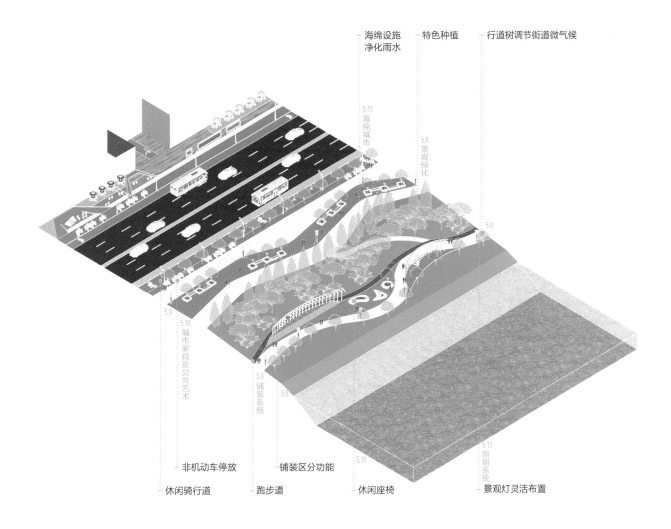

海绵设施　特色种植　行道树调节街道微气候
净化雨水

5.13 海绵城市

5.8 景观绿化

5.8

5.9

5.10 城市家具及公共艺术

5.9 铺装系统

5.9

5.10

5.12 照明系统

非机动车停放　铺装区分功能

休闲骑行道　跑步道　休闲座椅　景观灯灵活布置

5

REFERENCE ELEMENTS OF STREET SPACE OPTIMIZATION DESIGN

第五章　街道空间优化设计的参考模式

第五章　街道空间优化设计的参考模式

5.1　模块概念及分类

5.1.1　模块说明

从"面向车"到"面向人"，当今社会对城市道路建设满足人性化需求提出了更高标准的要求，既需满足多种交通方式平衡发展和街道场所功能需求，又需满足街道设计不同阶段的等级需求，还需要与城市更多的互动，强调整合道路设施元素，改善出行环境，提升城市的形象特色和市民出行文化。

本指南提出了 11 个街道设计模块的划分，对每个组成模块提供了技术指导，给出了不同类型的推荐形式和设计要点。

5.1.2　模块分类释义

序号	模块名称	模块释义	
模块一 ……… 街道慢行系统 »»»»		街道慢行系统指道路空间中服务于步行和骑行的部分，包括各等级道路的人行道和非机动车道。	
模块二 ……… 建筑退界空间 »»»»		建筑退界空间指道路红线至建筑边线之间，紧邻沿街建筑的开放性公共空间，为沿街建筑开门、台阶、雨棚、市政设施、橱窗、标志牌和人流驻留、集散等提供必要的空间。	
模块三 ……… 道路交叉口 »»»»		道路交叉口指道路与道路相交的区域，包括各道路的相交部分及其进出口道路段，是街道空间中的重要部分。	
模块四 ……… 公共交通通行区 »»»»		公共交通通行区指车行道中供公交车辆行驶和停靠的区域，包括常规公交车通行车道（含公交专用道）和公交停靠站。	
模块五 ………… 过街设施区 »»»»		过街设施区指连接道路两侧人行道的设施及其关联区域，包括平面和立体过街及附属设施。	

序号	模块名称		模块释义

模块六 ·········· 景观绿化 >>>>>> 景观绿化指道路红线内以及道路红线外至建筑边线之间所包含的绿化，包括行道树、分隔带、路侧绿带、交通岛绿地、立体绿化、树池/树带等。

模块七 ·········· 铺装系统 >>>>>> 铺装系统指街道空间内的人行道、非机动车道及退界空间的地面铺装。

模块八 ·········· 城市家具及公共艺术 >>>>>> 城市家具及公共艺术指街道空间中各种户外环境设施以及艺术景观设施，包括主题雕塑、艺术小品、标识牌、自行车停放点/租赁点、人行护栏、护柱、止车石、路缘石以及公共座椅等。

模块九 ········· 智慧设施带 >>>>>> 智慧设施带指构建集照明设备、地下管线、市政设施杆件、环境管理等于一体的信息化应用和管理；同时以数据库、虚拟现实等手段，建立基于地形图的公共设施信息库，实现市政管理部门内部的信息共享、一体化办公。

模块十 ········· 照明系统 >>>>>> 照明系统指为街道及其附属设施设置的功能性照明以及装饰性照明。

模块十一 ······· 海绵城市 >>>>>> 海绵城市指通过加强城市规划建设管理，充分发挥建筑、道路和绿地、水系等生态系统对雨水的吸纳、蓄渗和缓释作用，有效控制雨水径流，实现自然积存、自然渗透、自然净化。

5.2 模块间装配原则

5.2.1 模块系统图

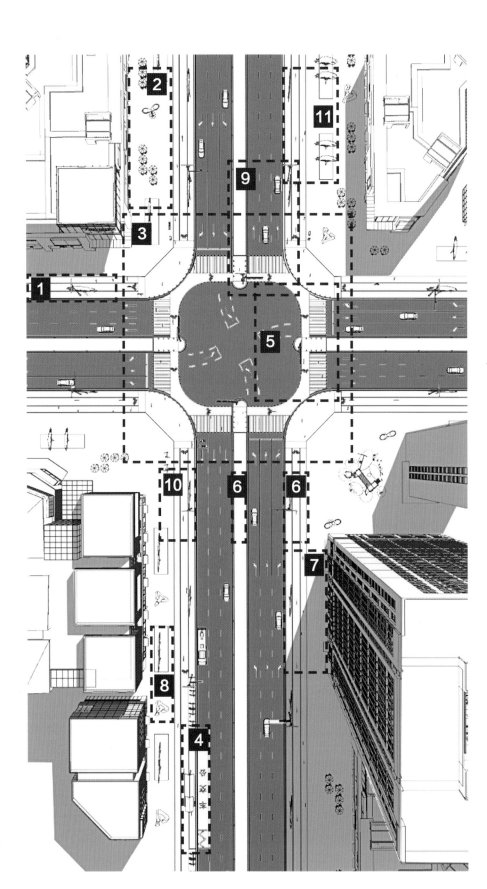

模块一：街道慢行系统

模块二：建筑退界空间

模块三：道路交叉口

模块四：公共交通通行区

模块五：过街设施区

模块六：景观绿化

模块七：铺装系统

模块八：城市家具及公共艺术

模块九：智慧设施带

模块十：照明系统

模块十一：海绵城市

5.2.2 模块装配原则

本指南依据安全性、可达性、环境协调、宜居性、可持续性、经济性，确立了不同街道类型设计中的重点考虑模块。

街道空间一体化：不同模块之间的装配应对空间和设施进行集约设置与统筹利用，形成一体化设计方案，确保活动空间与功能紧密联系。

弹性设置：街道设计模块并非是固定的模式，仅提供对于设计要素的建议，为具体个案街道设计留有比较、裁定的选择空间。

街道类型	重点模块
生活型街道	街道慢行系统、建筑退界空间、道路交叉口、公共交通通行区、过街设施区、景观绿化、铺装系统、城市家具及公共艺术、智慧设施带、照明系统
商业型街道	街道慢行系统、建筑退界空间、道路交叉口、公共交通通行区、过街设施区、景观绿化、铺装系统、城市家具及公共艺术、智慧设施带、照明系统
交通型街道	街道慢行系统、道路交叉口、公共交通通行区、智慧设施带、照明系统
景观型街道	街道慢行系统、建筑退界空间、道路交叉口、公共交通通行区、景观绿化、铺装系统、城市家具及公共艺术、照明系统、海绵城市
工业型街道	街道慢行系统、道路交叉口、智慧设施带、海绵城市

5.2.3 街道模块指引表

四大设计原则	+	七大街道类型	+	十一类

四大设计原则

- 秩序与安全
- 活力与人文
- 生态与智慧
- 品牌与魅力

七大街道类型

生活型
- Bh 生活大道
- Ch 生活次路
- Dh 普通街道

商业型
- Bs 商业大街
- Cs 商业干道
- Ds 商业街巷

交通型
- At 快速路
- Bt 交通主干
- Ct 交通次干

景观型
- Bj 景观大道
- Cj 景观干道
- Dj 休闲街道

工业型
- Bg 工业大道
- Cg 工业干道
- Dg 园区支路

综合型
- Bz 综合大道
- Cz 综合次路
- Dz 综合街道

特定型
- Fx 步行街
- Tx 公交走廊
- Wx 滨水慢行道

十一类

1. 街道
2. 建筑
3. 道路
4. 公共
5. 过街
6. 景观
7. 铺装
8. 城市
9. 智慧
10. 照明
11. 海绵

要素模块 ➡	功能要素	➕ 品质提升要素

要素模块	功能要素	品质提升要素
行系统	机、非共板 机、非、人分板	
界空间	机动车出入口 沿街出入口	沿街界面　地面停车 建筑立面、围墙
叉口	展宽+实体交通岛渠化　无展宽 展宽+无实体交通岛渠化　交叉口缩窄	交叉口宁静化
通通行区	公交专用道 公交站空间布局　地铁出入口与公交站协同	公交站站台及站牌
施区	人行横道过街　人行天桥过街 地铁口与人行隧道过街	公共交通与人行过街
化	行道树　分隔带 路侧绿带　交通岛绿地	不同类型街道绿化风貌控制 立体绿化　树池/树带
系统	非机动车道铺装	人行道铺装　特定型街道铺装　装饰井盖 退缩空间铺装过渡　明星街道铺装
具及公共艺术	自行车停放点/租赁点	主题雕塑　人行护栏、护柱　标识牌 艺术小品　止车石、路缘石　公共座椅
施带	线路规划	多杆合一　智慧市政 多箱合一
系统		灯具选型　景观照明 节能照明与应用
城市	生物滞留带　植草沟 雨水花园　生态树池	

5.2.4 街道模块汇总表

功 能

序号	道路功能	道路等级	街道类型		慢行系统建议模式	机、非分隔形式	红线范围内慢行系统（最小值）		建筑退界 出入口 人行出入口间距（m）
							人行道宽度（m）	非机动车道宽度（m）	
1	生活型	主干路	Bh	生活大道	人、非、机分板	绿化带	2~4	2.5/3.5	≤50
					机、非分行	护栏			
2		次干路	Ch	生活次路	机、非分行	护栏	2~3	2.5/3.5	≤50
					人、非、机分板	绿化带			
3		支路	Dh	普通街道	机、非分行	交通划线	2~3	2.5/3.5	≤50
					机、非混行	混行	2~3	——	
4	商业型	主干路	Bs	商业大街	人、非、机分板	绿化带	2~5	2.5/3.5	≤50
					机、非分行	护栏			
5		次干路	Cs	商业干道	机、非分行	护栏	2~4	2.5/3.5	≤50
					人、非、机分板	绿化带			
6		支路	Ds	商业街巷	机、非分行	交通划线	2~3	2.5/3.5	≤50
7	交通型	快速路	At	快速路	人、非、机分板	绿化带	2~3	3.5	——
8		主干路	Bt	交通主干	人、非、机分板	绿化带	2~3	3.5	——
9		次干路	Ct	交通次干	机、非分行	护栏	2~3	2.5/3.5	——
					人、非、机分板	绿化带			
10	景观型	主干路	Bj	景观大道	人、非、机分板	绿化带	2~3	3.5	——
11		次干路	Cj	景观干道	人、非、机分板	绿化带	2~3	3.5	——
					机、非分行	护栏			
12		支路	Dj	休闲街道	机、非分行	交通划线	2~3	2.5/3.5	——
13	工业型	主干路	Bg	工业大道	人、非、机分板	绿化带	2~3	2.5/3.5	——
14		次干路	Cg	工业干道	人、非、机分板	绿化带	2~3	3.5	——
					机、非分行	护栏			
15		支路	Dg	园区支路	机、非分行	交通划线	2~3	2.5/3.5	——
16	综合型	主干路	Bz	综合大道	人、非、机分板	绿化带	2~5	2.5/3.5	≤50
					机、非分行	护栏			
17		次干路	Cz	综合次路	机、非分行	护栏	2~4	2.5/3.5	≤50
					人、非、机分板	绿化带			
18		支路	Dz	综合街道	机、非分行	交通划线	2~3	2.5/3.5	≤50
					机、非混行	混行	2~3	——	
19	特定型		Fx	步行街	仅限人行	——	——	——	
20			Tx	公交走廊	人、非、机分板			3.5	
21			Wx	滨水慢行道	仅限人行	——	4.5~6	1.5/2.5 跑步道	

■ 在主要商业街、商业广场、车站、公交枢纽及轨道交通站点周边，以及其他人流、非机动车道流量较大的场所周边，非机动车道和人行道尺寸应选用大值。

素					
空间模块	道路交叉口模块			过街设施区模块	
设置	主干路（被交路）	次干路（被交路）	支路（被交路）	过街设施间距（建议值）	
人行道连续性					
出入口宽度总长不宜超过人行道总长的10%	展宽+实体交通岛渠化	展宽+实体交通岛渠化	无展宽模式	130~200	
	展宽+实体交通岛渠化	展宽+实体交通岛渠化	无展宽模式、交叉口宁静化模式		
	无展宽模式	无展宽模式、交叉口宁静化模式	无展宽模式、交叉口宁静化模式		
出入口宽度总长不宜超过人行道总长的10%	展宽+实体交通岛渠化	展宽+实体交通岛渠化	无展宽模式	130~200	
	展宽+实体交通岛渠化	展宽+实体交通岛渠化	无展宽模式、交叉口宁静化模式		
	无展宽模式	无展宽模式、交叉口宁静化模式	无展宽模式、交叉口宁静化模式		
——	立交	立交、右进右出T型交叉口	右进右出T型交叉口	——	
	展宽+无实体交通岛渠化	展宽+无实体交通岛渠化	无展宽模式	300~400	
	展宽+无实体交通岛渠化	展宽+无实体交通岛渠化	无展宽模式		
——	展宽+实体交通岛渠化	展宽+实体交通岛渠化	无展宽模式	200~300	
	展宽+实体交通岛渠化	展宽+实体交通岛渠化	无展宽模式		
	无展宽模式	无展宽模式	无展宽模式		
——	展宽+无实体交通岛渠化	展宽+无实体交通岛渠化	无展宽模式	300~400	
	展宽+无实体交通岛渠化	展宽+无实体交通岛渠化	无展宽模式		
	无展宽模式	无展宽模式	无展宽模式		
出入口宽度总长不宜超过人行道总长的10%	展宽+（无）实体交通岛渠化	展宽+（无）实体交通岛渠化	无展宽模式	200~300	
	展宽+（无）实体交通岛渠化	展宽+（无）实体交通岛渠化	无展宽模式		
	无展宽模式	无展宽模式	无展宽模式		
——	——	——	——	——	

■ 此处交叉口设计推荐表为常规情况，具体工程设计时结合交通量统一布置。

■ 过街设施间距主干路宜取大值，次干路取中值，支路取小值。快速路通过过街通道按需进行设置。

建筑退界空间模块

序号	道路功能	道路等级	街道类型		建筑退界空间 尺度（m）	后退形式	贴线率	灰空间	沿街界面 首层界面 透明度
1	生活型	主干路	Bh	生活大道	8.0～15.0	完全开放、部分封闭	≥60%	可选	>30%
2		次干路	Ch	生活次路	5.0～10.0	完全开放、部分封闭	≥60%	可选	>30%
3		支路	Dh	普通街道	3.0～5.0	完全开放	≥60%	可选	>30%
4	商业型	主干路	Bs	商业大街	8.0～20.0	完全开放、部分封闭	≥70%	可选	>60%
5		次干路	Cs	商业干道	5.0～15.0	完全开放、部分封闭	≥70%	可选	>60%
6		支路	Ds	商业街巷	3.0～5.0	完全开放	≥70%	可选	>60%
7	交通型	快速路	At	快速路	10.0～20.0	完全封闭	——	——	——
8		主干路	Bt	交通主干	8.0～15.0	部分开放、完全封闭	——	——	——
9		次干路	Ct	交通次干	5.0～10.0	部分开放	——	——	——
10	景观型	主干路	Bj	景观大道	8.0～20.0	部分封闭、部分开放	——	——	——
11		次干路	Cj	景观干道	5.0～15.0	部分封闭、部分开放	——	可选	——
12		支路	Dj	休闲街道	3.0～5.0	部分封闭	——	可选	——
13	工业型	主干路	Bg	工业大道	8.0～15.0	部分开放、完全封闭	——	——	——
14		次干路	Cg	工业干道	5.0～10.0	部分封闭、部分开放	——	——	——
15		支路	Dg	园区支路	3.0～5.0	部分封闭、部分开放	——	——	——
16	综合型	主干路	Bz	综合大道	8.0～20.0	完全开放、部分封闭、 部分开放	≥70%	可选	>60%
17		次干路	Cz	综合次路	5.0～15.0	完全开放、部分封闭、 部分开放	≥70%	可选	>60%
18		支路	Dz	综合街道	3.0～5.0	完全开放、部分封闭	≥70%	可选	>60%
19	明星街道	主干路／ 次干路	商业型、交通型、 景观型		——	——	——	——	——

要　素		景观绿化模块		
沿街界面业态引导	建筑立面色彩建议	绿化风貌要求	配置建议	树池形式推荐
社区级、邻里级商业服务设施	▪ 主体色建议以低饱和度、较高明度为主； ▪ 高层建筑建议以中性色调为主，近人尺度采用暖色调	▪ 安全、舒适、宜人、可达、连续和富有吸引力的空间	▪ 通透式配置方式（地被 + 乔木）； ▪ 以常绿植物为主	独立树池/连续树池
商业类、酒店类、管理服务类等产品的主要功能界面	▪ 主体色宜采用中低明度、中低饱和度色系，可适当采用明快的暖色为辅助色； ▪ 近人尺度采用暖色调	▪ 需更多的休憩区域； ▪ 兼顾遮阴及观赏需求； ▪ 与建筑、铺装风格协调统一	▪ 复合式配置方式（地被 + 灌木 + 乔木）； ▪ 以落叶植物为主	独立树池
——	——	▪ 防眩、美化、减轻视觉疲劳； ▪ 空间分割、景观组织、遮蔽及装饰美化； ▪ 整体氛围简洁大气	▪ 通透式配置方式（地被 + 乔木）； ▪ 以常绿（抗污染、抗噪）植物为主	连续树带
——	▪ 主色调宜选用稳重、大气的白色、灰色为主的中性或偏暖的复合色	▪ 与沿线绿地景观风貌统一协调； ▪ 突出自然景观，营造特色景观； ▪ 增加景观层次性、色彩多样性，增强道路的可识别性	▪ 复合式配置方式（地被 + 灌木 + 乔木）； ▪ 以观花、观叶植物为主	连续树池/连续树带
产业类，如各类工业、产业园区、厂房以及仓库等	▪ 宜采用中明度、低饱和度色系； ▪ 主要城市界面以明快的、中低饱和度的暖色调作为辅助色	▪ 简洁硬朗的组织方式； ▪ 树种不宜多，色彩不宜繁杂	▪ 通透式配置方式（地被 + 乔木）； ▪ 以常绿（抗污染、抗噪、抗烟尘）植物为主	连续树带
混合设置和搭配零售商业、餐饮、办公、文化和社区服务等不同业态	▪ 主体色宜采用中低饱和度、中高明度色系	▪ 安全、舒适、宜人、连续和富有吸引力的空间； ▪ 更多的休憩区域与服务设施； ▪ 兼顾遮阴及观赏需求； ▪ 与建筑、铺装风格协调统一	▪ 根据街道特点配置	独立树池/连续树池
——	——	▪ 作为形象之道，应体现城市道路绿化特色景观风貌。 ▪ 高建设标准，突出城市文化特色，增强城市外部形象，传达城市风采，映射城市文化	▪ 复合式配置方式（地被 + 灌木 + 乔木）； ▪ 以观花、观叶植物为主	独立树池/连续树池/连续树带

				铺装系统模块				
					人行道铺装			
序号	道路功能	道路等级	街道类型		风貌	色彩	材质	铺装规格
1	生活型	主干路	Bh 生活大道		温馨舒适、现代宜居	灰、米黄色等暖色系为主，局部点缀以棕色系、红色系	花岗岩砖、仿石砖、陶瓷透水砖、彩色透水砖、透水混凝土等	中规格密缝铺贴
2		次干路	Ch 生活次路					中规格密缝铺贴
3		支路	Dh 普通街道					中小规格密缝铺贴
4	商业型	主干路	Bs 商业大街		现代、时尚、富有时代气息	采用黑白灰等中性色系，或浅黄色为主的暖色系	花岗岩砖、仿石砖、仿花岗岩透砖、陶瓷透水砖等	大中规格密缝铺贴
5		次干路	Cs 商业干道					大中规格密缝铺贴
6		支路	Ds 商业街巷					中小规格密缝铺贴
7	交通型	快速路	At 快速路		简洁大气	黑白灰等中性色系	陶瓷透水砖、仿石砖、彩色透水砖、透水混凝土等	中规格密缝铺贴
8		主干路	Bt 交通主干					中规格密缝铺贴
9		次干路	Ct 交通次干					中小规格密缝铺贴
10	景观型	主干路	Bj 景观大道		层次丰富的铺装色彩，景观丰富，有创意和活力	灰、米黄色系为主，局部可点缀以其他色系	花岗岩砖、仿石砖、仿花岗岩透砖、陶瓷透水砖等	大中规格密缝铺贴
11		次干路	Cj 景观干道					大中规格密缝铺贴
12		支路	Dj 休闲街道					中小规格密缝铺贴
13	工业型	主干路	Bg 工业大道		简洁大气	黑白灰等中性色系	陶瓷透水砖、仿石砖、彩色透水砖、透水混凝土等	中规格密缝铺贴
14		次干路	Cg 工业干道					中规格密缝铺贴
15		支路	Dg 园区支路					中小规格密缝铺贴
16	综合型	主干路	Bz 综合大道		简洁大气	黑白灰等中性色系	陶瓷透水砖、仿石砖、彩色透水砖、透水混凝土等	中规格密缝铺贴
17		次干路	Cz 综合次路					中规格密缝铺贴
18		支路	Dz 综合街道					中小规格密缝铺贴
19	明星街道	主干路/次干路	商业型、交通型、景观型等		具有历史人文特色、创意活力	中性色、暖色系为主，以特定色局部点缀	花岗岩砖、仿石砖、仿花岗岩透砖、陶瓷透水砖等	大/中规格密缝铺

十 要 素					
城市家具及公共艺术模块				照明系统模块	
主题雕塑	标识牌			灯具选型	
体感风貌	信息类型	风格建议	材质	造型建议	灯光建议
感"：注重雕塑带给行人⋯感受，让人们舒适，轻⋯的与雕塑交流	以生活信息为主导的指示系统	自然朴素，温馨和谐	铝板、不锈钢板、石材等	• 以服务本地居民生活为主； • 造型温馨美观	尽量使用节能高效并具有良好视觉功效的光源
玩"：强调雕塑的互动⋯，让人们在参与玩耍的⋯程中体会当地文化	以商业配套信息为主导的指示系统	形式活泼，富有设计感	铝板、不锈钢板、钢化玻璃等	• 着重考虑行人； • 造型根据街道特点配置，或新颖时尚，或婉约古朴，或创意独特	可采用高显色性的白色调，搭配不同的色温来营造不同的环境气氛
看"：注重雕塑的醒目程⋯，以色彩或造型吸引人⋯的目光，让人们在快速⋯城市生活中感受文化	以交通信息为主导的指示系统	简洁明快，沉稳规整	钢板等	• 提供安全驾驶的条件，以功能性照明为主； • 造型简洁大气	尽量使用节能高效并具有良好视觉功效的光源
品"：强调雕塑的意义，⋯人们在深刻体会其寓意⋯过程中感受到文化的思⋯冲击	以休闲娱乐信息为主导的指示系统	自然朴素，材料本色	清水混凝土、花岗岩、耐候钢板等	• 以景观形象的提升为目的，以功能性照明和装饰性照明并重； • 造型独特美观	可采用高显色性的白色调，给人们带来现代、醒目的视觉感受
观"：注重雕塑的醒目程⋯及工业发展历史性，让⋯们感受工业发展的历史⋯轮	以服务信息为主导的指示系统	现代简约，沉稳规整	钢板、铝板、花岗岩等	• 采取适当的亮度分布及照明的均匀性，使视觉空间清晰； • 造型简洁大气	限制炫光、提高灯光下作业、活动的安全性，处理好光色与显色性指数，为工作创造有利的变色环境
用"：强调雕塑的功能⋯，让人们在使用过程中⋯受当地的历史人文	以生活、商业、游乐的服务信息为主导的指示系统	——	铝板、不锈钢板、钢化玻璃、石材等	• 以服务本地居民生活为主，着重考虑行人； • 造型根据街道特点配置	尽量使用节能高效并具有良好视觉功效的光源
不"：强调雕塑的特定⋯带有城市历史烙印，⋯确的主题及意义，让人⋯感受当地的历史人文	以生活、商业配套的服务信息为主导的指示系统	形式活泼，富有设计感	铝板、不锈钢板、钢化玻璃、石材等	• 可融入中交与地方结合的文化元素进行设计； • 造型独特美观	尽量使用节能高效并具有良好视觉功效的光源

5.3 模块一：街道慢行系统

5.3.1 机、非共板模式

5.3.2 机、非、人分板模式

总体指引：

慢行系统需做到路径连续通畅、空间开放共享、设施友好完善以及人文展示充分等要求。

■ 人行道应结合街道空间统筹考虑设置，安全便捷，连续贯通，并保证通行区域平整，避免不必要的高差。宽度必须满足行人安全通过的要求，并应设置无障碍设施。

■ 有条件的街道，可设置独立于市政道路的非机动车专用道或人行道，连接各种城市公园、大型公共场馆等，形成特色慢行系统。

■ 鼓励开放退界空间与道路红线内的慢行系统进行一体化设计。人行道与公园、广场、交通站点相接时，按照一体化设计原则有机协调、统筹布置。

■ 非机动车道应连续、便捷和安全，应根据道路的类型合理的设置非机动车道的位置和宽度，在交叉口处设置非机动车专用过街通道。

 交通有序   慢行优先 安全街道

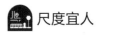 尺度宜人  人文关怀

慢行系统断面控制表							
序号	道路功能	道路等级	街道类型		慢行系统建议模式	机、非分隔形式	红线范围内慢行系统（最小值）	
							人行道宽度（m）	非机动车道宽度（m）
1	生活型	主干路	Bh	生活大道	人、非、机分板	绿化带	2~4	2.5/3.5
					机、非分行	护栏		
2		次干路	Ch	生活次路	机、非分行	护栏	2~3	2.5/3.5
					人、非、机分板	绿化带		
3		支路	Dh	普通街道	机、非分行	交通划线	2~3	2.5/3.5
					机、非混行	混行	2~3	——
4	商业型	主干路	Bs	商业大街	人、非、机分板	绿化带	2~5	2.5/3.5
					机、非分行	护栏		
5		次干路	Cs	商业干道	机、非分行	护栏	2~4	2.5/3.5
					人、非、机分板	绿化带		
6		支路	Ds	商业街巷	机、非分行	交通划线	2~3	2.5/3.5
7	交通型	快速路	At	快速路	人、非、机分板	绿化带	2~3	3.5
8		主干路	Bt	交通主干	人、非、机分板	绿化带	2~3	3.5
9		次干路	Ct	交通次干	机、非分行	护栏	2~3	2.5/3.5
					人、非、机分板	绿化带		
10	景观型	主干路	Bj	景观大道	人、非、机分板	绿化带	2~3	3.5
11		次干路	Cj	景观干道	人、非、机分板	绿化带	2~3	3.5
					机、非分行	护栏		
12		支路	Dj	休闲街道	机、非分行	交通划线	2~3	2.5/3.5
13	工业型	主干路	Bg	工业大道	人、非、机分板	绿化带	2~3	2.5/3.5
14		次干路	Cg	工业干道	人、非、机分板	绿化带	2~3	3.5
					机、非分行	护栏		
15		支路	Dg	园区支路	机、非分行	交通划线	2~3	2.5/3.5
16	综合型	主干路	Bz	综合大道	人、非、机分板	绿化带	2~5	2.5/3.5
					机、非分行	护栏		
17		次干路	Cz	综合次路	机、非分行	护栏	2~4	2.5/3.5
					人、非、机分板	绿化带		
18		支路	Dz	综合街道	机、非分行	交通划线	2~3	2.5/3.5
					机、非混行	混行	2~3	——
19	特定型		Fx	步行街	仅限人行	——	——	——
20			Tx	公交走廊	——	——	——	——
21			Wx	滨水慢行道	仅限人行	——	4.5~6	1.5/2.5跑步道

- 对不同类型和等级的道路断面布置提出实施建议，便于导则使用者快速准确地利用导则原则进行断面选择。
- 在主要商业街、商业广场、车站、公交枢纽及轨道交通站点周边，以及其他人流、非机动车流量较大的场所周边，非机动车道和人行道尺寸应选用大值。

5.3.1　机、非共板模式 1. 机、非分行　2. 机、非混行

机、非共板模式是机动车道与非机动车道之间无高差、共用一个板块的模式。

根据非机动车与机动车的相对位置关系和交通组织模式，机、非共板模式可分为机、非混行及机、非分行两种形式。

管控目标：

- 在路面上通过分行栏杆或交通划线等措施，对道路通行区域进行分隔，实现快慢分行、安全运行。
- 可在机动车流量较小的生活街道、综合街道采用机、非混行模式，集约利用空间和控制车辆速度，并作为非机动车道路进行管理，赋予非机动车高于机动车的路权，优先满足步行和非机动车的通行空间，通过管控措施限制机动车行驶速度，保障慢行安全。

1. 机、非分行

鼓励在条件允许的道路上，设置独立的非机动车道，通过分行栏杆或交通划线等措施，保障非机动车的骑行安全。非机动车道的最小宽度不宜小于 2.5m，单向通行的非机动车专用道不宜小于 3.5m。

- **空间尺寸：** 扣除机动车道后单侧路面宽度≥2.5m；人行道净宽≥1.5m；绿化（设施带）宽度≥1.5m。

- **建议适用道路类型：** Ch 生活次路、Dh 普通街道、Cs 商业干道、Ds 商业街巷、Ct 交通次干、Dj 休闲街道、Dg 园区支路、Cz 综合次路、Dz 综合街道。

- **设计速度**≥40km/h 时，需设置硬质隔离，保障非机动车安全。

- **布局形式：** 道路中心线向外分别为：车行道—非机动车道—绿化（设施带）—人行道。

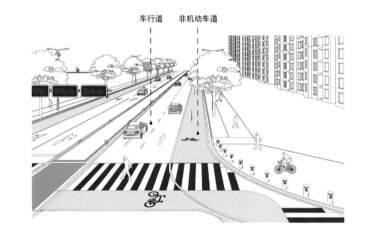

2. 机、非混行

机动车和非机动车在同一路面板块通行。

- **空间尺寸：** 扣除机动车道后单侧宽度<2.5m；人行道净宽≥1.5m；绿化（设施带）宽度≥1.5m。

- **建议适用道路类型：** Dh 普通街道、Dz 综合街道。

- **设计速度**≤30km/h。

- **布局形式：** 道路中心线向外分别为：车行道—非机动车道（混行）—绿化（设施带）—人行道。

- **推荐情况：** 新建道路不推荐采用此形式，条件受限时对应类型道路可采用此形式。

5.3.2 机、非、人分板模式

机、非、人分板模式为机动车、非机动车和行人分别在不同的板块通行。

通过绿化带、路缘石高差等对道路空间进行分割，适用于道路红线较宽，交通量较大，设计速度较高的情况，最大限度确保安全和通行效率。

管控目标：

■ 根据道路类型和空间设计条件，通过设置侧分带，实现对行人、非机动车和机动车的有效分流。

■ **空间尺寸：**侧绿化带宽度≥1.5m；非机动车专用道≥3.5m；绿化（设施带）宽度≥1.5m；人行道净宽≥1.5m。

■ **建议适用道路类型：**Bh 生活大道、Bs 商业大街、At 快速路（迎宾大道）、Bt 交通主干、Bj 景观大道、Cj 景观干道、Bg 工业大道、Cg 工业干道、Bz 综合大道。

■ **布局形式：**道路中心线向外分别为：车行道—侧绿化带—非机动车道—绿化（设施带）—人行道。

5.4 模块二：
建筑退界空间

5.4.1 沿街界面

5.4.2 建筑立面、围墙

5.4.3 机动车出入口

5.4.4 沿街出入口

5.4.5 地面停车

总体指引：

退界空间作为市政设施预留用地和公共人流的集散地，是完善道路功能的重要方面，也是人性街区的重要体现内容之一。将退界空间与人行道作为一个整体考虑，其强调与街区整体风貌的协调，空间的连续、设施的人性化等。

生活型街道

空间要求

商业型街道

空间要求

- 集约利用道路空间，**保障充足的慢行通行区**，提供带有遮阴的慢行通行空间，**增加休憩与活动空间**。
- 道路空间有限时，**可采用非对称断面形式设计**，设置单侧的公共设施带／区。
- **创造积极的建筑退界空间**，鼓励人行道与建筑首层、退界空间保持相同标高，**以形成积极、连续、开放的活动空间**。

- **保证充足的步行空间**，在保障步行通行需求的前提下，可结合公共设施带、街面灰空间设置商业活动区域，允许沿街商户利用建筑前区进行临时性室外商品展示、绿化装饰、设施组合，**形成交往交流空间，丰富活动体验**。
- 道路的**出入口、街角**，注重细节的重点设计，**强调标识性和引导性**。
- **建筑退界和地铁出入口进行一体化设计**，鼓励充分利用街道凹空间所带来的积极效应，**营造具有亲和力的空间**；也可在空间充足的地方，形成小型沿街广场，塑造参与性强的活动休憩景观节点，以**鼓励更多的市民驻足、停留和发生更多类型的活动**。

慢行优先   安全街道   功能复合

 活动舒适    尺度宜人   人文关怀

- 与沿线绿地、滨水空间**进行一体化设计**。
- 在人行道空间充裕的情况下，设施带可设置于步行通行区与自行车专用道或健身跑步道之间，**实现资源共享、方便使用**。
- 鼓励**设置连续的自行车专用道、健身跑步道**等慢行设施。
- **保护具有历史文化价值、景观风貌特色的物质形体和要素**，注意加强自然景观要素的调整、运用和恢复，让硬质景观与自然景观融合、统一。

- 应结合沿线公交车站点、重要公共服务设施、公共开放空间及其他主要出行目的地**设置非机动车停放设施和公共自行车租赁点**，并配备相应遮蔽设施。
- **卸货活动应在企业地块内部进行**，在道路慎重设置专用卸货车位，不得占用人行道空间装卸货。
- **塑造休憩节点**，提升企业员工的生活体验和归属感。

建筑退界空间

序号	道路功能	道路等级	街道类型	建筑退界空间尺度（m）	后退形式	贴线率	灰空间
1	生活型	主干路	Bh 生活大道	8.0～15.0	完全开放、部分封闭	≥60%	可选
2	生活型	次干路	Ch 生活次路	5.0～10.0	完全开放、部分封闭	≥60%	可选
3	生活型	支路	Dh 普通街道	3.0～5.0	完全开放	≥60%	可选
4	商业型	主干路	Bs 商业大街	8.0～20.0	完全开放、部分封闭	≥70%	可选
5	商业型	次干路	Cs 商业干道	5.0～15.0	完全开放、部分封闭	≥70%	可选
6	商业型	支路	Ds 商业街巷	3.0～5.0	完全开放	≥70%	可选
7	交通型	快速路	At 快速路	10.0～20.0	完全封闭	——	——
8	交通型	主干路	Bt 交通主干	8.0～15.0	部分开放、完全封闭	——	——
9	交通型	次干路	Ct 交通次干	5.0～10.0	部分开放	——	——
10	景观型	主干路	Bj 景观大道	8.0～20.0	部分封闭、部分开放	——	——
11	景观型	次干路	Cj 景观干道	5.0～15.0	部分封闭、部分开放	——	可选
12	景观型	支路	Dj 休闲街道	3.0～5.0	部分封闭	——	可选
13	工业型	主干路	Bg 工业大道	8.0～15.0	部分开放、完全封闭	——	——
14	工业型	次干路	Cg 工业干道	5.0～10.0	部分封闭、部分开放	——	——
15	工业型	支路	Dg 园区支路	3.0～5.0	部分封闭、部分开放	——	——
16	综合型	主干路	Bz 综合大道	8.0～20.0	完全开放、部分封闭、部分开放	≥70%	可选
17	综合型	次干路	Cz 综合次路	5.0～15.0	完全开放、部分封闭、部分开放	≥70%	可选
18	综合型	支路	Dz 综合街道	3.0～5.0	完全开放、部分封闭	≥70%	可选

街道要素引导表

	面			出入口设置	
首层界面透明度	沿街界面业态引导	建筑立面色彩建议	人行出入口间距（m）	人行道连续性
>30%	社区级、邻里级商业服务设施	• 主体色建议以低饱和度、较高明度为主； • 高层建筑建议以中性色调为主，近人尺度采用暖色调	≤50	出入口宽度总长不宜超过人行道总长的10%
>30%			≤50	
>30%			≤50	
>60%	商业类、酒店类、管理服务类等产品的主要功能界面	• 主体色宜采用中低明度、中低饱和度色系，可适当采用明快的暖色为辅助色； • 近人尺度采用暖色调	≤50	出入口宽度总长不宜超过人行道总长的10%
>60%			≤50	
>60%			≤50	
——	——	——	——	——
——			——	
——			——	
——	——	• 主色调宜选用稳重、大气的以白色、灰色为主的中性或偏暖的复合色	——	——
——			——	
——			——	
——	产业类，如各类工业、产业园区、厂房以及仓库等	• 宜采用中明度、低饱和度色系； • 主要城市界面以明快的、中低饱和度的暖色调作为辅助色	——	——
——			——	
——			——	
>60%	混合设置和搭配零售商业、餐饮、办公、文化和社区服务等不同业态	• 主体色宜采用中低饱和度、中高明度色系	≤50	出入口宽度总长不宜超过人行道总长的10%
>60%			≤50	
>60%			≤50	

5.4.1 沿街界面

1. 建筑退界空间尺度推荐	5. 灰空间
2. 退界空间形式	6. 首层界面透明度
3. 街道宽高比	7. 沿街界面业态引导
4. 贴线率	

管控目标：

- 通过建筑退界空间尺度推荐、退界空间形式、街道宽高比、贴线率、灰空间、首层界面透明度、沿街界面业态引导这七个方面来对沿街地块的界面进行管控，管控重点是行人可感知空间范围内的建设要素。
- 合理组织街道空间功能，形成连续开放、活力积极的街道界面，使得整体风貌协调、空间连续和设施人性化。

1. 建筑退界空间尺度推荐

　　建筑退界空间是建筑红线后退至道路红线的距离。其需满足市政管线、消防、生态环境、安全卫生等基本需求。

- 建筑退界距离不能采用城市所有区域一刀切的手法，其与城市区域、日照、环境等有关，应结合城市设计进行精细化设计。

- 本指南推荐的退界空间尺度与典型街道类型设计相对应，在实际执行中留有弹性。

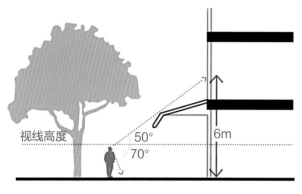

行人可感知的临街界面范围

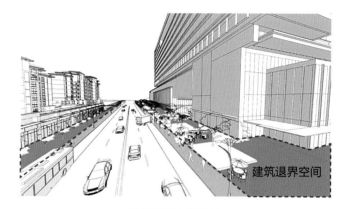

建筑退界空间范围

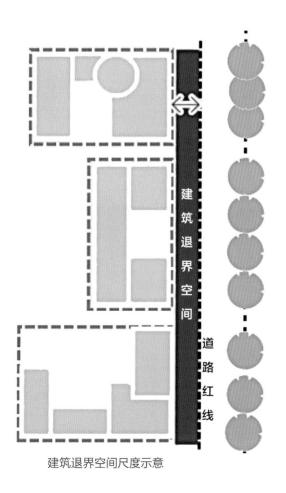

建筑退界空间尺度示意

建筑退界空间尺度推荐表		
街道类型		建筑退界空间尺度推荐（m）
生活型	主干路	8.0～15.0
	次干路	5.0～10.0
	支路	3.0～5.0
商业型	主干路	8.0～20.0
	次干路	5.0～15.0
	支路	3.0～5.0
交通型	快速路	10.0～20.0
	主干路	8.0～15.0
	次干路	5.0～10.0
景观型	主干路	8.0～20.0
	次干路	5.0～15.0
	支路	3.0～5.0
工业型	主干路	8.0～15.0
	主干路	5.0～10.0
	支路	3.0～5.0
综合型	主干路	8.0～20.0
	次干路	5.0～15.0
	支路	3.0～5.0

■ 临街建筑底层提供积极功能时，退界宽度应统筹考虑步行道空间条件与沿线功能需求，避免步行通行与沿街活动相互干扰。

建筑前区尺度推荐表		
街道类型	沿街建筑首层功能	建筑前区尺度推荐（m）
生活型、商业型、综合型	以橱窗展示、贩卖窗口为主	1.0~1.5
生活型、商业型	进行室外商品展示、设置室外餐饮	1.5~2.0
商业型、景观型（风貌保护区）	餐饮特色街道	3.0~5.0

展示橱窗

室外餐饮

商品展示

特色餐饮街道

5.4.1 沿街界面   5.4.4 沿街出入口
5.4.2 建筑立面、围墙   5.4.5 地面停车
5.4.3 机动车出入口

2. 退界空间形式

（1）后退形式

临街建筑的后退空间按照开放程度可分为完全开放、部分封闭、部分开放、完全封闭四种类型。

■ A 完全开放
建筑退界空间采用硬质铺地，与人行道空间相互融合。

> **建议适用道路类型：** Bh 生活大道、Ch 生活次路、Dh 普通街道、Bs 商业大街、Cs 商业干道、Ds 商业街巷、Bz 综合大道、Cz 综合次路、Dz 综合街道、Fx 步行街

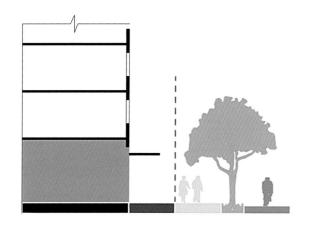

■ B 部分封闭
用地临道路红线处设有树池或带开口的绿化带，行人可通过开口进入用地和临街建筑。开放区域大于封闭区域。

> **建议适用道路类型：** Bh 生活大道、Ch 生活次路、Bs 商业大街、Cs 商业干道、Bj 景观大道、Cj 景观干道、Dj 休闲街道、Cg 工业干道、Dg 园区支路、Bz 综合大道、Cz 综合次路、Dz 综合街道、Tx 公交走廊

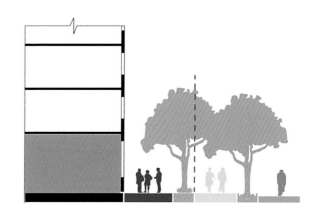

■ C 部分开放
建筑退界空间以绿化种植为主，有行人可以进入的游步道，但不能直接进入建筑。封闭区域大于开放区域。

> **建议适用道路类型：** Bt 交通主干、Ct 交通次干、Bj 景观大道、Cj 景观干道、Bg 工业大道、Cg 工业干道、Dg 园区支路、Bz 综合大道、Cz 综合次路、Tx 公交走廊

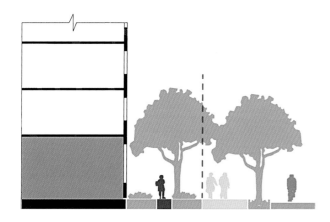

■ D 完全封闭
用地与街道空间之间用围墙、栏杆或绿化分隔，阻止行人进入。

> **建议适用道路类型：** At 快速路、Bt 交通主干、Bg 工业大道

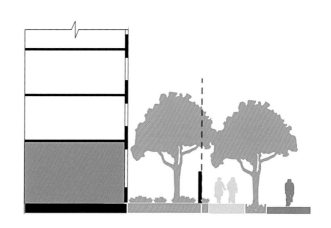

（2）红线内外空间统筹

■ **沿街建筑底层为商业、办公、公共服务等公共功能时，鼓励开放退界空间，与红线内人行道进行一体化设计，统筹步行通行区、设施带与建筑前区空间。**

- 鼓励**生活型、商业型和综合型**街道沿街商户利用建筑前区进行临时性室外商品展示、进行绿化装饰、设置公共座椅及餐饮设施，应获得相关部门许可，保障步行通行需求、满足市容环境卫生要求。
- 室外餐饮与商业零售混杂时，鼓励对室外餐饮空间需求较大的沿街商户将餐饮区域结合设施带设置，使步行流线能够接近零售商户的展示橱窗。

红线内外空间统筹利用的开放退界空间

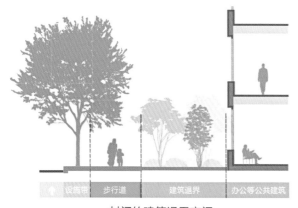

封闭的建筑退界空间

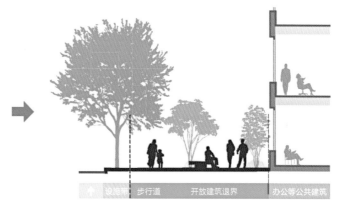

开放的建筑退界空间

■ **允许沿街设置商业活动空间**

　　街道空间允许的情况下，**生活型、商业型和综合型**街道沿线可结合设施带、街面灰空间设置商业活动区域，增加街道活跃度，并规范沿街商业活动区域，避免小贩占路影响交通。

■ **鼓励结合街道空间开展公共艺术活动**

　　可利用街道空间进行临时性艺术展览、街头文艺演出、公共行为艺术活动等，丰富城市文化。

■ **街道空间的驻足点与停留空间节点选择**

　　街道空间的驻足点与停留空间节点通常位于街道交叉点或转折点以及重要公共建筑、公园的入口，可结合广场、小品或休憩空间进行设计，使得更多的市民驻足、停留和发生更多类型的活动。

（3）过渡形式

空间的过渡衔接需要注意通行空间与使用空间合理分配，既要满足通行的舒适、便捷需求，也要满足街道景观的和谐美观，避免出现生硬的衔接空间。

■ 鼓励生活型、商业型和综合型街道沿街建筑首层、建筑退界空间与人行道保持相同标高，限制设置台阶，不可进入的装饰绿化等设施，保证空间的联通与灵活使用，形成开放、连续的室内外活动空间。

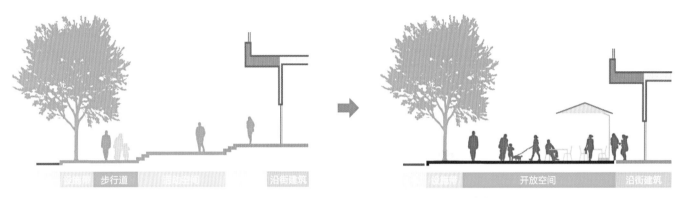

取消建筑退界空间与人行道之间的高差，形成连续的步行活动空间。

■ 在无法避免高差的情况下，可采用台阶、坡道、绿化、水景、挡土墙等的组合来柔化衔接空间，以弱化建筑、坡道等硬质界面的生硬感，营造优美、宜人的街道空间环境。

■ 生活型、商业型和综合型街道两侧如有绿化隔离带用地，应通过提高沿街绿地的硬地比，消除步行空间与商业店面之间的隔离，协调景观与活动需求。可设置树阵、耐践踏的草坪等，形成活力区域。

3. 街道宽高比

街道宽高比即街道宽度与沿街建筑高度的比值，D 为街道宽度，H 为沿街建筑高度，则街道宽高比为 D/H。是决定街道空间尺度的重要元素，也是人们体会街道的亲切与壮观的重要量化指标。

尺度适当的街道空间会给人带来一种庇护感，而超大尺度的街道空间或由高层建筑围合的超小街道空间，则会使身处其中的人有失去依靠的不安全感和压迫感。

一般而言，宽高比在 1.5~2.0 之间比较宜人。
- **生活型、商业型**建议可适度紧凑，保持一个内聚的舒适的空间尺度，可出现紧凑的较窄的商业街。
- **综合型街道**可适度开敞。
- **景观型街道和交通型街道**不作具体要求。

- 当 D/H＝1 时，即垂直角度为 45°，人有一种内聚、安定又不至于压抑的感觉。

- 当 D/H＝2 时，即垂直角度为 27°，依旧能产生一种内聚，向心的空间，而不至产生排斥、离散的感觉。此时，行人可从街道的一侧看到街道另一侧建筑的全貌。

- 当 D/H＝3 时，即垂直角度为 18°，就会产生两个实体排斥和空间离散的感觉。

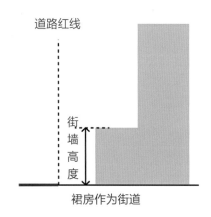

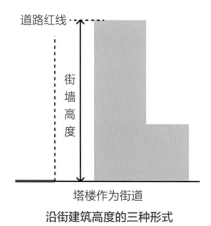

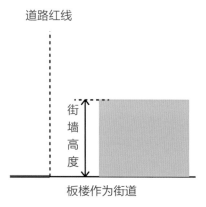

沿街建筑高度的三种形式

裙房作为街道　　　　　　塔楼作为街道　　　　　　板楼作为街道

D/H＝1∶1　　　　　　　　D/H＝1.5∶1　　　　　　　　D/H＝2∶1

4. 贴线率

贴线率指建筑物紧贴建筑控制线的界面长度与建筑控制线长度的比值，这个比值越高，沿街面看上去越齐整。

对重点街道贴线率进行控制，形成整齐有序、富有韵律的街道界面。重要的生活型、商业型和综合型街道，往往是流量巨大、人口相对集聚的街道。鼓励沿线建筑通过拼接建造，在整体上保持建筑退界距离的一致性，以形成连续的空间界面。

当建筑外墙面有凹进变化的形式时，若建筑外墙面凹进深度小于等于2m，可计入街墙立面线的有效长度。

■ **生活型街道**：道路两侧建筑贴线率不宜低于60%。

■ **商业型、综合型街道**：道路两侧建筑贴线率不宜低于70%。

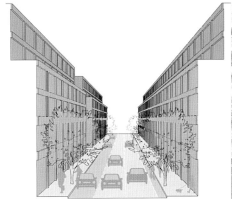
贴线率与建筑控制线管控的有序街道

贴线率≥60%的生活型街道

贴线率≥70%的商业型、综合型街道

5. 灰空间

灰空间是介于建筑室内空间与外部开放环境之间的空间，通常有顶但不封闭，如建筑入口的柱廊、挑廊、凉亭等。

沿街的灰空间可在多种气候条件下容纳多样的活动，有利于增强步行体验和促进街道活动的发生。

鼓励在**生活型、商业型和综合型街道**采用悬挑、柱廊、雨篷等方式的临街界面。

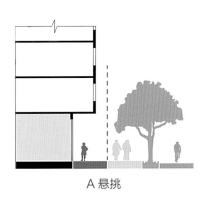
A 悬挑

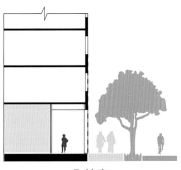
B 柱廊

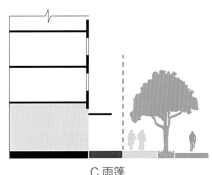
C 雨篷

6. 首层界面透明度

首层界面透明度指首层立面中透明材质的面积占首层立面总面积的比例，该指标反映了室内外空间之间的视线可穿透程度。

■ **开放透明的橱窗设计给路人提供有趣且不断变化的商业体验，应注重虚实结合。**

• **生活型街道：** 鼓励首层界面透明度达到30%以上。

• **商业型街道、综合型街道：** 鼓励首层界面透明度达到60%以上，鼓励设置展示橱窗。

• 透明度 =（Ⅰ类界面长度 ×1.25+ Ⅱ类界面长度 + Ⅲ类界面长度 ×0.75）/ 街段的建筑界面沿街总长度。

窗户上缘距人行道低于1.5m的地下室窗户，以及窗台距人行道超过1.5m的高窗不予计算。

商业型街道

■ **应避免出现大面积连续单调的高反光玻璃界面和零通透实墙界面，相应界面长度不宜超过50m。**

纯玻璃界面应采用低反射玻璃；实墙应进行艺术化装饰，或设置显示屏，增强街墙的多样性、复杂性，以及与行人的互动性。

生活型街道

Ⅰ类界面：门面完全打开的开放式店面

Ⅱ类界面：视线可以直接看到室内的通透式玻璃橱窗

Ⅲ类界面：设置商品布景的广告式玻璃橱窗

Ⅳ类界面：室内外的视觉被阻隔的不透实墙（包含不透明平面广告）

7. 沿街界面业态引导

沿街界面业态引导指针对不同的街道类型进行控制引导，通过对沿街业态的管控，引导人的街道活动，营造适宜的街道氛围。

街道类型	人群活动类型	服务要求	沿街界面业态引导
生活型街道 	▪ **必要性活动**主要为基本的通行，如以购物、办公、上下班、上下学、投送快递为目的的通行。 ▪ **自发性活动**包括锻炼、散步、观光等主动式步行以及驻留行为。 ▪ **社会性活动**如邻里会面、坐憩、闲谈、棋牌、儿童游戏、广场舞等简单的公共活动。	▪ 满足交往的需要，营造符合人际交往需求的尺度适宜的围合界面。 ▪ 适宜开展社会性活动的开敞与半开敞空间，应保持适当尺度距离，降低对居民区的影响。 ▪ 考虑为老人的户外活动提供舒适的、宜人的空间环境。	以服务居民为主的零售商业、餐饮休闲和配套服务等生活服务功能。
商业型街道 	▪ **必要性活动**主要为步行通行和闲逛散步。 ▪ **自发性活动**包括消费性活动（如购物、吃饭），还有观光、拍照等步行以及商业停留、观看橱窗、驻足休息等。 ▪ **社会性活动**如室外餐饮、交流、休息坐靠、闲谈、儿童游戏、街头表演、商业展示、沿街贩卖等休闲娱乐和商业活动等。	▪ 街道空间兼具购物、交通、休闲、旅游、文化等功能。 ▪ 保持空间紧凑，丰富街道内容，营造商业氛围。 ▪ 鼓励设置能够灵活使用的沿街展览空间与艺术表演空间，商业设施富于娱乐性、多样选择性。	界面沿线以服务地区或片区为主的商务办公、商业休闲、酒店餐饮和城市公共服务等商业服务功能。
景观型街道 	▪ **必要性活动**为居民日常出行以及驻足休息。 ▪ **自发性活动**主要为漫步、跑步、骑行、休憩、观光、拍照等。 ▪ **社会性活动**为体育健身、广场舞、小群体休闲活动、沿街贩卖等。	▪ 鼓励在展示城市景观风貌的同时注重容纳市民休闲活动空间的打造，兼顾景观性与实用性。 ▪ 因地制宜，灵活设置休憩节点等活动与服务设施，增加沿线绿地的可进入性。 ▪ 考虑各个年龄段人群以及特殊群体的使用需求，提升活动的体验，使景观型街道具备能够诱发市民大众进行社会活动的特质。	公园绿地、防护绿地、滨水绿地等城市开放空间。

街道类型	人群活动类型	服务要求	沿街界面业态引导
工业型街道 	>>>> ▪ **必要性活动**如上班、商务往来、购物等满足对基本生活的需求。 ▪ 在工业园人口组成中，主要是企业员工，以外来人口居多，出行次数相对较少、出行目的相对单一。	>>>> ▪ 虽然行人的使用较少，但必须提供人行道和可通达性交通，路径应连续且安全。	>>>> 产业类，如各类工业、产业园区、厂房以及仓库等。
综合型街道 	>>>> ▪ **多样的人群活动类型**	>>>> ▪ 通过多种功能可以在步行便利可达的范围内提供出行目的，从而提高步行出行比例与街道活动强度。 ▪ 小地块开发模式有利于促进功能深度复合，对于大尺度街坊和较长的街道，应注重沿街设置不同的功能设施。	>>>> 混合设置搭配零售商业、餐饮、办公、文化和社区服务等不同业态。

5.4.2　建筑立面、围墙

1. 建筑立面　2. 围墙

管控目标：

- 通过对沿街建筑立面的色彩、建筑立面近人区域以及建筑断面进退关系、材质、装饰、细节样式、附属设施等的设计管控，营造具有亲和力的、视觉丰富的沿街界面。

- 通过对围墙的高度、通透性以及与周边环境的协调性的设计管控，营造通透、美观的沿街界面。

1.　建筑立面

（1）色彩建议

针对不同街道类型，给出沿街建筑立面色彩建议。

不同建筑色彩所营造的街道空间可给人以不同的氛围感受。

■ **城市色彩一体化营造**

每一座城市都有它的自身色彩，见证着它独有的历史记忆。

将城市立面分为两大界面，超出近人尺度的空间区域作为城市基调色；近人尺度的空间区域作为活泼多彩的界面在大的基调色上进行点缀与突出。

通过对两个界面的强弱虚实对比，色彩协调搭配来进行一体化营造。

■ **"整体和谐共生，单体多元有序"**

城市空间内各片区之间不同的色彩风貌应和谐趋同，建筑外观色彩应融入整体，部分单体色彩在城市整体协调下又有自身显现的丰富性。

对连续界面色彩节奏变化进行有效控制，避免连续街道界面使用单调的外立面用色，节奏呈现出强、次强的关系，也同样反映在建筑组团色调的深、浅方面。

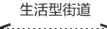

生活型街道

- 高层建筑建议以中性色调为主，近人尺度采用暖色调。

- 主体色建议以低饱和度、较高明度为主，如米白色、灰色、浅咖啡色等；强调色可选择较高饱和度、低明度的暖色调，与主体色形成对比。

主体色示例：

商业型街道

◦ 对占比最大的商业建筑，主体色宜采用中低明度、中低饱和度色系，并且可适当采用明快的暖色为辅助色。近人尺度采用暖色调。

◦ 玻璃和金属的颜色宜采用柔和的中性色调，石材和石块要保持自然颜色。

◦ 控制使用镜面玻璃，且不宜大面积使用明亮耀眼的色彩。

◦ 主体色示例：

5Y8.7/0.5 灰白	10GY8.3/1 霜青	5Y8.6/0.5 浅灰绿	10YR8.5/1.5 浅米灰	2.5YR10/0.5 淡翼	10YR8.5/1 浅藤素灰
HZkjc-Q-01	HZkjc-Q-07	HZkjc-Q-13	HZkjc-Q-19	HZkjc-Q-25	HZkjc-Q-31

景观型街道

◦ 区域整体建筑色彩应简约淡雅。建筑整体色调宜以白色、浅灰冷和浅灰暖为主。

◦ 主色调宜选用稳重、大气的白色、灰色为主的中性或偏暖的复合色。在绿色植物的衬托下，体现出稳重、大气的氛围，与景观风貌协调统一。

◦ 面向滨水界面可点缀一些明度较高的鲜亮色彩，尽量避免使用混沌、暧昧、纷乱、无秩序以及晦暗的低明度色彩。

◦ 主体色示例：

N7 中灰	2.5PB8.5/2 霜青灰	7.5BG6.5/2 粉绿	2.5Y7.5/1 深米灰	10YR8/4 浅棕	2.5YR7.3/3 深粉棕
HZkjc-Q-04	HZkjc-Q-10	HZkjc-Q-16	HZkjc-Q-22	HZkjc-Q-28	HZkjc-Q-34

工业型街道

◦ 建筑主体色宜采用中明度、低饱和度色系为主，主要城市界面以明快的、中低饱和度的暖色调作为辅助色，尽量避免使用混沌灰暗的低明度色彩。

◦ 主体色示例：

2.5GY7.3/0.5 浅银灰	10GY2.5/2 深银蓝	2.5BG4/0.5 深雪青灰	10B7.5/3 石板灰蓝	2.5GY7/0.5 烟灰	7.5PB6/3 雾紫灰
HZkjc-Q-02	HZkjc-Q-08	HZkjc-Q-01	HZkjc-Q-09	HZkjc-Q-05	HZkjc-Q-11

（2）立面设计

沿街建筑界面应注重形成丰富的形象，提供精美、丰富的细节，局部应进行重点设计，来强化街道空间的识别性、引导性与美学品质，以迎合步行速度，形成丰富的视觉体验。

■ 近人区域应进行重点设计，增加设计品质。

沿街建筑底部6m（较窄的人行道）至9m（较宽的人行道）是行人能够近距离观察和接触的区域，对行人的视觉体验具有重要的影响，应进行重点设计，提升设计品质。

■ 鼓励沿街建筑提供精美、丰富的细节。

应通过建筑进深变化、富有质感的立面材质、窗户样式以及细部装饰，创造细腻的光影关系，强化雕塑感，建立建筑与行人之间丰富的视觉交流，使建筑显得充满人性。

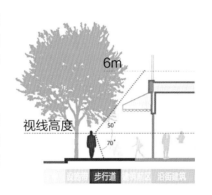

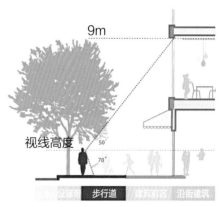

■ 鼓励对建筑入口进行重点设计。

各类人行入口应当易于识别，鼓励将入口及其他相关建筑元素，通过结合周边情况形成凸出与收进关系，鼓励宽窄入口交替变化，以增加街墙的丰富性和多样性。

■ 鼓励对街角与对景建筑的局部进行重点设计。

位于街角和道路对景位置的建筑或建筑局部进行重点设计，强化街道空间的识别性、引导性与美学品质。

精美、丰富的建筑入口细节

街角特色建筑的个性化设计

（3）分段设计

沿街立面面宽超过 60m 的大型建筑应通过分段、增加细节等方式化解尺度。

- **鼓励沿街建筑立面设计形成清晰的纵向和横向立面分段，并保持整体协调。**
  - **立面纵向分段：**包括立面材质、色彩、划分方式、窗洞样式、窗框装饰、线脚、大型橱窗展示等内容的变化。
  - **横向分段：**包括设置腰线、出挑、顶层退后等方式。
  - **生活型、商业型和综合型街道：**沿街建筑立面设计纵向分段以 25～40m 为宜，鼓励首层店面进一步细分，针对步行速度增加视觉的丰富性和街道空间的韵律感。
- **不进行纵向分段的大型建筑应通过增加精美的建筑细节化解建筑尺度，在保持整体性的同时增加局部趣味性。**
  - 可增加小尺度凹凸变化、强化建筑细部刻画、设置凸窗和阳台等立面元素等方式，鼓励设置立柱方式、壁灯等元素强化立面纵向韵律感。

立面设计采用不同材质、不同细节进行演绎，并在空间上形成丰富的进退关系。

立面设计运用相同的材质和色彩，只是通过凹凸错落关系来进行立面分段，横向上采用了经典的三段式划分，顶部两段向内凹进，形成了丰富的视觉错落关系。

立面设计平整连续，通过壁框切分为若干大小相似的立面单元，各单元内部运用多样和富有特色的橱窗进行填充，形成丰富的视觉体验。

（4）沿街设施

鼓励设置建筑挑檐、雨篷，为行人和非机动车遮阴挡雨。

- 生活型、商业型以及综合型街道鼓励设置建筑挑檐、遮阳篷、雨篷等设施，对主要步行区域及其与建筑主要出入口的联系路径进行遮蔽。
- 活动遮阳篷、雨篷最低部分至少距离人行道 2.5m，不得超出人行道，净宽不得超出 2.5m，下方不得设置立支柱。固定雨篷建议采用透光材料。雨篷下侧距离人行道净高不小于 3.5m，出挑宽度不得超出人行道。

建筑挑檐设置遮阴挡雨区

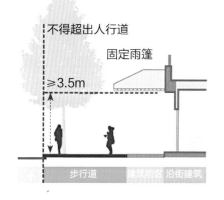

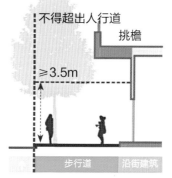

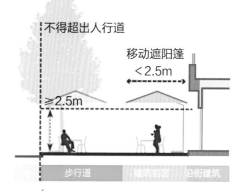

固定雨篷

挑檐

移动遮阳棚

（5）店招广告

- **店招与户外广告设施应满足相关规定的基本要求，不得妨碍交通秩序、影响街道生活、损害城市风貌或建筑物形象。**
  - 在公共活动中心地区，鼓励通过店招及户外广告展示地区特质。
  - 店招与户外广告设施应具有良好的艺术品质，并与周边环境相协调，处理好与建筑立面元素及细节的相互关系。

- **生活型街道和商业型街道鼓励对店招及广告进行整体设计，与街道或所在区域风貌相协调。**
  - 店招可结合遮阳篷、雨篷进行设置，不同形式的店招有助于增加街墙以及人行道上空的多样性和趣味性，将大型建筑化解到人性尺度，形成个性化门面。
  - 店招与户外广告设施应结合城市功能分区和人文特色设置，同一街区相邻建筑的风格、色调应当和谐统一。

简洁、醒目的店招

- **除特殊建筑外，同一建筑相邻门店的墙面招牌可以整齐划一，底板采用相同或相近色系。一般情况下，形式不宜过多、过于繁琐。**

统一、连续的店招

- **在历史文化风貌区内的历史文物或标志性建筑的户外广告、招牌等设施，应当符合历史文化风貌区保护规划的要求，应限制广告设置，并保持与建筑风格相协调，不得破坏建筑结构线、建筑空间环境、影响建筑风貌及景观。**

与周边环境和谐、统一的店招

2. 围墙

　　城市街道围墙本身是一个连续的系统，它是处于城市街道各个系统之间的连接体。需综合考虑城市的文化底蕴、环境氛围、空间制约等方面，通过管控使之符合城市公共环境，融入整体城市文化中去，创造一个和谐、美观、充满活力的城市公共环境。

　　控制临近街区内墙高度和间距的统一性，保持空间、色彩的整体感，形成街道、地域的城市特色。

　　城市绿地不宜设置围墙，可因地制宜选择沟渠、绿墙、花篱或者栏杆代替。

■ **通透式围墙：鼓励沿街围墙保持通透、美观。**

围墙 0.9m 以上通透率须达到 80%，结合绿化增加视觉深度，一般临街城市街道建议采用通透式围墙。

■ **艺术围墙：通过艺术化、创意造型对实体墙体进行设计。**

多用于重点商业街区、旅游景点外围，形成视觉的焦点，地区标志性景点。

■ **垂直绿墙：对于实墙进行装饰或者垂直绿化。**

垂直绿化采用有攀缘、缠绕、吸附和下垂等功能的植物，沿着建筑面或者其他结构的表面形成垂直面的绿化，从而提高环境绿化率增加环境绿化量。其多用于对围蔽要求或生态需求较高的区域。

5.4.3　机动车出入口

沿街地块内通道与街道衔接时，应协调进出车辆与过路行人的关系。

沿街地块内通道的设置应充分考虑所接入道路的等级，车行通道优先选择设置在较低等级的道路上。地块车行出入口处应保持人行道路面和铺装水平连续，或采用与人行道铺装较为接近的材质进行铺装，并设置相应标识提示行人注意出入车辆，限制车辆速度。鼓励保持人行道标高。机动车出入口处的人行道应沿机动车行驶轨迹外侧设置阻车桩。

■ **车辆进出不多的出入口：**
整体延续人行道铺地与标高，控制放坡段长度。

■ **车辆进出较多的出入口：**
采用有别于人行道铺装及路面的铺装进行强调。

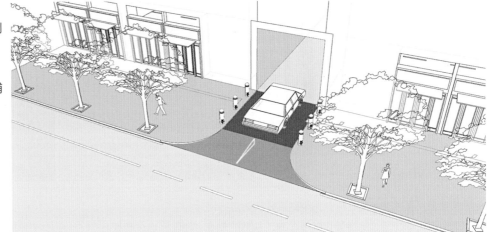

5.4.4　沿街出入口

■ **生活型与商业型街道鼓励设置密集、连续的人行出入口，保障街道活动的连续性。**

沿街出入口包括沿街商业与公共服务设施出入口、建筑主要出入口和地块出入口。

生活型与商业型街道出入口间距建议不大于 50m。

■ **增加不同功能类型的沿街出入口以提升街道活动的多样性和活跃度。**

临生活型街道和商业型街道的沿街建筑应使住宅单元门之外的其他主要建筑出入口直接临街设置。

■ **大型商业综合体沿商业型街道应设置中小规模商铺，并设置临街出入口。**

大型商场出入口宜设置于街段两端，中部沿街面宜设置小单元店面。

避免将人流过度导入商业综合体内街而影响沿街活动连续性。

密集的出入口　　　　　　　　不同功能类型的沿街出入口　　　　　　出入口设置于街段端头的大型商场

5.4.5 地面停车   1. 布局原则   2. 设计指引

退界空间原则上不鼓励设置地面停车场，但不作硬性要求，可视周边道路及周边具体情况需求进行弹性设置。

退界空间如需设置地面停车场应符合相关规范、规划及城市规划行政主管部门的规定，并合理控制停车场布局和规模，协调道路的交通通行以及建筑使用功能（如商业、住宅、大型公建等）。

1. 布局原则

道路沿线退缩空间需要设置地面停车场的，新建、扩建的公共建筑应按建筑面积或使用人数，同时考虑到周边道路容量的能力，并根据行政主管部门的规定，统筹建设；场地条件不足的，应避免设置地面停车场，可针对工作日和周末形成不同的空间分配和使用方式来设置弹性空间。

2. 设计指引

建筑类型	设计指引
大型商业建筑群	应提供充足的停车设施满足顾客的停车需求，在商业区边缘布置相对集中的停车场，并减少进入商业区域的交通量。
体育场等大型公共建筑	首先避免车流与人流的交叉，退缩空间与建筑前广场合设时，应在满足广场性质的同时设置停车空间。停车空间应紧靠有关建筑物，并位于干道一侧。
居住区	贯彻相对分散和适度集中原则，规模较小的居住区地面停车与自行车棚的设置宜同时考虑，停车产生的噪声和废气应进行处理，不得影响周围环境。

5.5 模块三：
道路交叉口

总体指引:

交叉口可通过设置合适的展宽段和渐变段、合理的停车视距、宁静化设计等，提供安全友好，方便舒适的交通节点，并充分考虑人行与非机动车的通行质量，凸显安全功能。

交通有序　　慢行优先　　安全街道　　人文关怀

交叉口参数控制表（单位：m）									
相交道路	右转半径	道路等级	进口道展宽长度	进口道渐变段长度	出口道展宽长度	出口道渐变段长度	停车视距	宁静化设计	左转待转
主干路—主干路	25	主干路	80～120	30～50	≥60	≥30	≥75	×	√
		主干路	80～120	30～50	≥60	≥30	≥75	×	√
主干路—次干路	20	主干路	70～100	30～40	≥60	≥30	≥75	×	√
		次干路	50～70	25～40	≥45	≥20	30～60	×	√
主干路—支路	15	主干路	50～70	30～35	≥60	≥30	≥75	×	×
		支路	——	——	——	——	20～40	×	×
次干路—次干路	20	次干路	50～70	25～30	30～45	≥20	30～60	×	√
		次干路	50～70	25～30	30～45	≥20	30～60	×	√
次干路—支路	15	次干路	——	——	——	——	20～60	√	×
		支路	——	——	——	——	20～40	√	×
支路—支路	10	支路	——	——	——	——	20～40	√	×
		支路	——	——	——	——	20～40	√	×
备注	视距三角形内不得有任何高出路面1m的妨碍驾驶员视线的障碍物								

交叉口模式推荐表

序号	道路功能	道路等级	街道类型		主干路（被交路）	次干路（被交路）	支路（被交路）
1	生活型	主干路	Bh	生活大道	展宽+实体交通岛渠化	展宽+实体交通岛渠化	无展宽模式
2		次干路	Ch	生活次路	展宽+实体交通岛渠化	展宽+实体交通岛渠化	无展宽模式、交叉口宁静化模式
3		支路	Dh	普通街道	无展宽模式	无展宽模式、交叉口宁静化模式	无展宽模式、交叉口宁静化模式
4	商业型	主干路	Bs	商业大街	展宽+实体交通岛渠化	展宽+实体交通岛渠化	无展宽模式
5		次干路	Cs	商业干道	展宽+实体交通岛渠化	展宽+实体交通岛渠化	无展宽模式、交叉口宁静化模式
6		支路	Ds	商业街巷	无展宽模式	无展宽模式、交叉口宁静化模式	无展宽模式、交叉口宁静化模式
7	交通型	快速路	At	快速路	立交	立交、右进右出T型交叉口	右进右出T型交叉口
8		主干路	Bt	交通主干	展宽+无实体交通岛渠化	展宽+无实体交通岛渠化	无展宽模式
9		次干路	Ct	交通次干	展宽+无实体交通岛渠化	展宽+无实体交通岛渠化	无展宽模式
10	景观型	主干路	Bj	景观大道	展宽+实体交通岛渠化	展宽+实体交通岛渠化	无展宽模式
11		次干路	Cj	景观干道	展宽+实体交通岛渠化	展宽+实体交通岛渠化	无展宽模式
12		支路	Dj	休闲街道	无展宽模式	无展宽模式	无展宽模式
13	工业型	主干路	Bg	工业大道	展宽+无实体交通岛渠化	展宽+无实体交通岛渠化	无展宽模式
14		次干路	Cg	工业干道	展宽+无实体交通岛渠化	展宽+无实体交通岛渠化	无展宽模式
15		支路	Dg	园区支路	无展宽模式	无展宽模式	无展宽模式
16	综合型	主干路	Bz	综合大道	展宽+（无）实体交通岛渠化	展宽+（无）实体交通岛渠化	无展宽模式
17		次干路	Cz	综合次路	展宽+（无）实体交通岛渠化	展宽+（无）实体交通岛渠化	无展宽模式
18		支路	Dz	综合街道	无展宽模式	无展宽模式	无展宽模式
备注		以上为常规情况下的交叉口设计推荐表，具体工程设计时结合交通量统一布置					

5.5.1　展宽+实体交通岛渠化模式

　　交叉口范围内，对进、出口车道进行展宽，或者通过压缩车道宽度、绿化带宽度及慢行系统宽度等措施，增加车道数，提高路口通行能力。在交叉口交通转向需求较大、慢行过街需求也较大的情况下，设置满足行人和非机动车过街驻足的交通渠化岛。

管控目标：

- 通过路口展宽及渠化，实现右转和直行车辆分流行驶、快慢分离，提高交叉口通行效率；通过设置渠化岛，提供行人及非机动车安全过街及驻足的空间；实现在交叉口的有序通行和安全过街，同时通过绿化种植提高道路渠化岛的景观水平。

- **道路类型：**适用于生活型、商业型、景观型及综合型道路类型。

- **道路等级：**应用于次干路及以上等级道路交叉形式。

- **交通需求：**适用于慢行需求量大、右转交通流较大的情况。

- **空间尺度：**交通渠化岛尺寸满足行人及非机动车安全驻足需求，面积不小于 $20m^2$，宽度不小于人行横道线宽度。

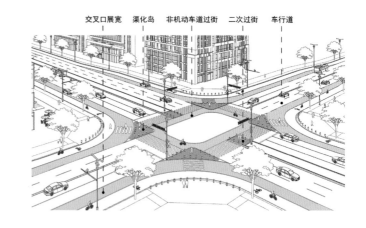

5.5.2　展宽+无实体交通岛渠化模式

　　交叉口范围内，不设置实体交通岛，仅对进出口车道进行展宽，或者通过压缩车道宽度、绿化带宽度及慢行系统宽度等措施，增加车行道数量，提高路口通行能力。

管控目标：

- 通过路口展宽实现转向和直行车辆分流行驶，提高交叉口通行效率。为便于大型车辆转向通行，不设置实体交通渠化岛。

- **道路类型：**适用于交通型、工业型及综合型道路类型。

- **道路等级：**应用于次干路及以上等级道路交叉形式。

- **交通需求：**适用于慢行需求量小、转向交通流较大、路段交通流较大、大型车辆较多的情况。

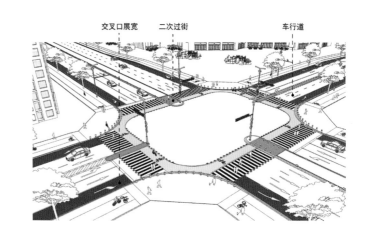

5.5.3 无展宽模式

在交叉口范围内，进出口车道无需展宽，无需设置实体渠化岛。

管控目标：

■ 实现行人及非机动车快速便捷过街，车行交通根据信号指引有序通行。

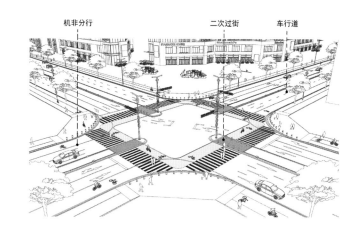

■ **道路类型：** 适用于生活型、商业型、景观型、工业型及综合型道路类型。

■ **道路等级：** 应用于次干路与支路、支路与支路道路交叉形式。

■ **交通需求：** 适用于慢行需求量小、转向交通流较小、路段交通流较小的情况。

5.5.4 交叉口宁静化模式

宁静化是从"友好交通、以人为本"的原则出发，通过一系列的管理和工程措施，控制居民区街道的交通速度和流量以降低机动车辆使用带来的安全隐患。本导则从交叉口缩窄、路口小半径和交叉口路口提升三个方面来对宁静化设计提出建议。

管控目标：

■ 通过宁静化设计实现行人及非机动车安全便捷过街；降低生活区或商业区域的行车速度，提高路口安全性；改变驾驶人行为与改善街道上非机动车辆使用者环境，最终达到街道空间各种功能的协调发展。

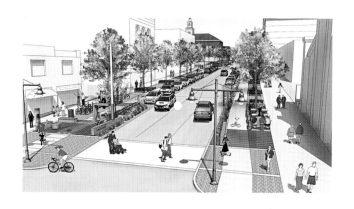

■ 在交叉口处，在满足交通通行能力的基础上，通过压缩交叉口两端车行道数量，设置临时停车带，缩小人行过街斑马线的长度，实现行人及非机动车快捷过街，迫使机动车进行减速，降低人员密集区域的行车速度，提高安全性的同时还能提供路侧临时停车空间，缓解市区停车压力。

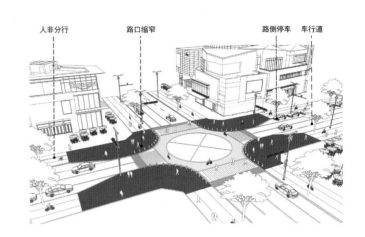

■ **道路类型：** 适用于生活型、商业型道路类型。

■ **道路等级：** 应用于支路与支路道路交叉形式。

■ **交通需求：** 适用于慢行需求量大、路段交通流较小、大型
车辆较少的情况。

　　在生活型街道、商业型街道上，鼓励采用水平偏移的方
式，通过设置停车带，交叉口缩窄等方式，对车辆速度进行
管理。

■ 鼓励在生活型街道、商业型街道合理控制交叉口路缘石半
径，缩小行人过街距离，引导机动车减速右转。

■ 鼓励采用共享交叉口，取消路缘石高差，将车行道抬高至
人行道标高，实现连续人行道全铺装交叉口。并且通过地
面标志、路口铺装等多种形式区别不同交通主体，强化宁
静设计的效果。

■ **道路类型：** 适用于生活型、商业型道路类型。

■ **道路等级：** 应用于支路与支路道路交叉形式。

■ **交通需求：** 适用于慢行需求量大、路段交通流较小、大型
车辆较少的情况。

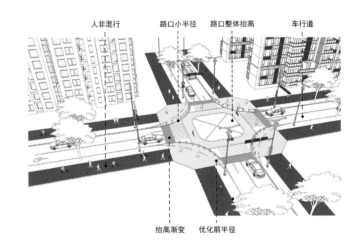

5.5.5　交叉口慢行系统组织

管控目标：

- 交叉口应通过指示、禁令等标志，优先保障慢行系统的通行，根据路口交通量，完善信号相位和配时设置，合理控制信号灯时长。交叉口过街信号灯周期不宜过长，绿灯时间应考虑行动不便人士的过街需求。

- 交叉口处人行和非机动车的过街路径应在各个方向连续通畅。非机动车在路段单侧非机动车道上应单向通行。

- 在交叉口处，应实现人行和非机动车分行过街，保障过街安全和通行效率。

- 人行道及交叉口交通横道线上，人行可双向无限制通行，但应尽量实现人行和非机动车分行过街。

道路人行路径示意图及以道路东南象限出发为例的非机动车行驶路径示意图：

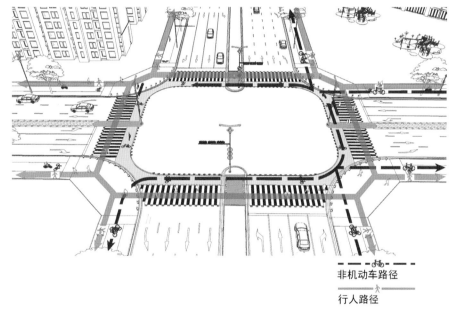

---🚲--- 非机动车路径

—🚶— 行人路径

- 在非机动车专用道与街道相交处，应通过地面标志或标志牌等提示非机动车优先通行。在支路交叉口上，鼓励路口后置机动车停车线，扩大非机动车等待区。

非机动车指示牌及地面标志示例：

5.6 模块四：公共交通通行区

5.6 模块四：公共交通通行区

总体指引：

公共交通通行区在本指南中主要是指公交车辆通行和停靠的区域，包括常规车行道、分时段公交专用道、公交走廊（全天候公交专用道）及公交站台。

公交站台的设计应遵循人性化、智能化，集实用功能和审美兼顾的原则，并且成为地域文化的重要载体。

交通有序　　慢行优先　　安全街道

尺度宜人　　人文关怀　　资源集约

5.6.1 公交专用道

1. 分时段公交专用道　2. 公交走廊

管控目标:

■ 根据公交车通行需求,对公交车通行区域的车道功能进行定位,合理设置分时段公交专用道或公交走廊,提升公交车通行效率,提高乘客使用体验,改善公交系统运行效率。

1. 分时段公交专用道

分时段公交专用车道,是指专门为公交车设置的分时段独立路权车道,属于城市交通网络建设配套基础设施。

分时段公交车专用道的主要功能是方便公交网络应对各种高峰时段和突发状况带来的道路拥堵问题,能够提高公交车的行程时间可靠性,鼓励使用可持续的交通方式。

鼓励在有条件的道路设置分时段公交专用道、优先保障公交路权。实现在特定的管控时间范围内,减少对公交车通行的干扰,提高公交系统服务水平。通过铺装及相应的标识系统,强化公交车路权,保障通行效率。

■ **道路类型:** 适用于生活型、商业型及交通型道路类型。

■ **道路等级:** 应用于次干路及以上道路等级。

■ **交通需求:** 适用于交通流量较大,公交车路线较多的情况。

■ **空间尺度:** 公交专用道宽度不小于 3.5m。

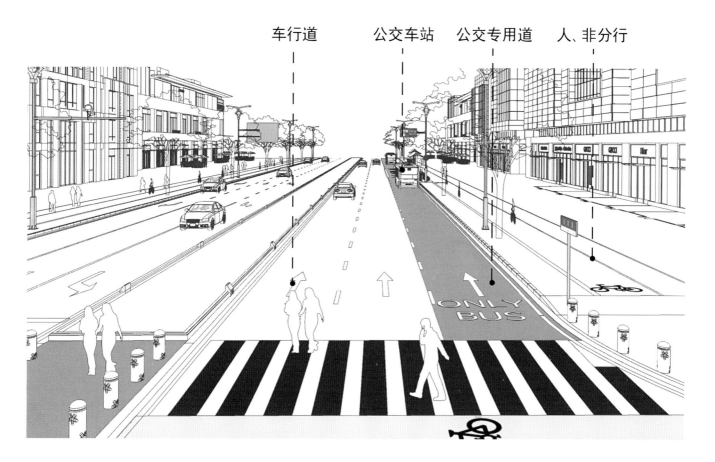

车行道　公交车站　公交专用道　人、非分行

2. 公交走廊

公交走廊是指全天候的公交专用通道，通过集成大运量新型公交车辆、整合公交路线、优化管理系统集中资源打造的高效运营的城市公共客运系统。

它利用现代化公交技术配合智能运输和运营管理，开辟公交专用道和建造新式公交车站，达到高水准的服务水平。

- **道路类型：** 适用于生活型、商业型及交通型道路类型。

- **道路等级：** 应用于主干道等级。

- **交通需求：** 适用于公交车路线多，公共交通辐射范围广的道路。

- **空间要求：** 全天候专用公交车道，享有专有路权。需设置专用车站或枢纽，满足大量乘客上下车使用。

- **空间尺度：** 中央整体式专用车道的总宽度不应小于 8m。分离式单车道专用车道的总宽度不应小于 4.5m。

- **管理要求：** 在交叉口具有优先通行权；需采用大运量新型公交车；需科学设置公交车路线和发车频率；需设置快速收费系统；需采用智能公交系统管理。

5.6.2 公交站空间布局

1. 平行式   3. 公交站与非机动车道协同
2. 港湾式

管控目标:

- 科学布置公交站台空间,设置合理的无障碍路径,完善站台设施,体现以人为本的设计理念,科学处置非机动车道与公交站台之间的运行冲突。

设计要求:

- 公交站点应根据出行需求进行布置,在政府机构、学校、医院等公共服务机构,商场、工厂等人流密集场所周边宜布置公交车站。公交站台应成对布置,中心区域站点间距宜控制在 400~600m 之间,市郊区域宜控制在 600~800m 之间,亦可根据特殊情况适当加密或增加间距。

- 公交站台两侧范围,宜设置非机动车停放区域。平行式公交站可在站台两侧 10m 以外,设置 15m 长度停放区域;港湾式公交站可在加减速段以外,设置 15m 长度停放区。自行车停放区宜设置于设施带或树池之间,采用小型化,高密度设置原则,避免造成空间的混乱和浪费。

1. 平行式

- **空间尺寸:** 站台长度不宜小于 30m,宽度不宜小于 2m。

- **适用情况:** 适用于道路红线受限,公交车路线较少的道路。

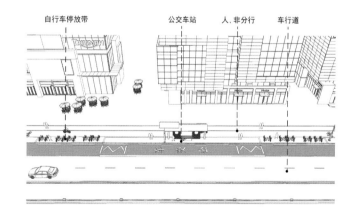

2. 港湾式

- **设计要求:** 公交站台与展宽段合并设置时,在交叉口出口道上,应在展宽段长度基础上再加上站台长度;在交叉口进口道上,公交站台应设置在展宽段向前不小于 20m 处,并在此基础上加上站台长度。

- **空间尺寸:** 减速段不宜小于 15m,加速段不宜小于 20m,站台长度不宜小于 35m,宽度不宜小于 2m。

- **适用情况:** 适用于道路宽度适宜,公交车路线较多的道路。

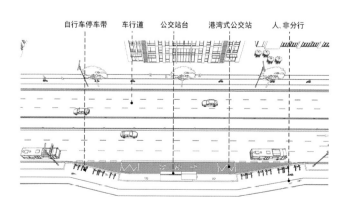

3. 公交站与非机动车道协同

在非机动车道设置公交站时，应通过合理设计、铺装、标识等协调进站车辆和非机动车，减少非机动车、公交车及上下车乘客之间的冲突。

■ 条件具备时，在公交站台前 15m，将非机动车引流至人行道拓宽段，实现有效分流。

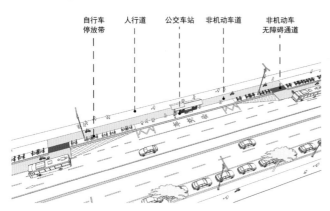

■ 上下车乘客需穿越非机动车道时，压缩人行道宽度，在公交停靠区域与非机动车道之间，设置乘客驻足空间，并在非机动车道上设置斑马线，规范乘客通行区，设置标识，提示乘客避让非机动车。

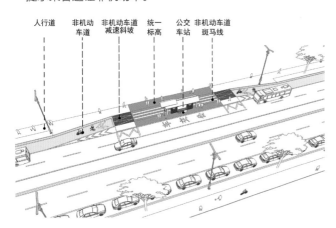

■ 上下车乘客需穿越非机动车道时，在非机动车道上设置斑马线，规范乘客通行区，设置标识，提示非机动车避让乘客。

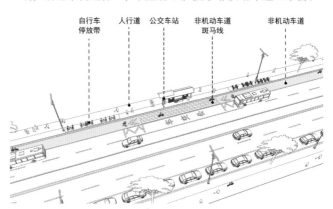

■ 上下车乘客需穿越非机动车道时，抬高非机动车道标高与人行道一致，并在非机动车道上设置斑马线，规范乘客通行区，设置标识，迫使非机动车减速，同时提示非机动车避让乘客。

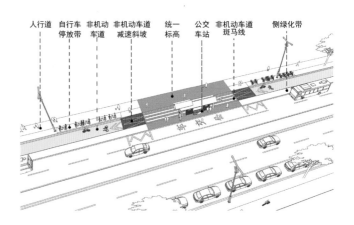

将非机动车引流至人行道拓宽段案例示范：

5.6.3 公交站台及站牌

1. 公交站台 2. 站牌

管控目标：

■ 公交站台及站牌的设计要人性化，注重候车乘客的安全感、舒适感，其造型和色彩需和周边景观风貌协调，体现出地区的人文历史风貌，成为公交站场地感和城市地方特色的集中体现点。

1. 公交站台

公交站台是位于车站供乘客遮阳、避雨的设施，是公交站的重要组成部分。

公交站台的设计应拥有地方特色和场地感，同时要注重候车乘客的安全性、舒适性、人性化等。站台要进行一体化设计，周边应有明显的标志。

■ **站台设施：** 应包括站牌、候车棚、休息凳、照明、信息服务、垃圾箱和无障碍设施，有条件可以安装报警求助系统。其中顶棚不宜过高，不宜过小，当公交车进站时，还应考虑顶棚的延展性，使排队上车的乘客在雨天不会淋湿衣服。

■ **空间布局：**

布置停靠站需要同时满足非机动车和行人的通行要求，不得压缩非机动车道和人行有效通行的宽度，为避免公交车和非机动车交织混行，可在停靠站后引导非机动车从停靠站外侧通过。

公交站台宜设置在公共设施带内，候车亭的空间和人行道通行流线要分隔。 候车地面高程可与车门踏步高程齐平，为使用轮椅的人士提供方便。

■ **灯光照明：** 提供照明系统，提升夜间乘客的安全感及便于乘客阅读乘车信息，有条件可以提供环保再生能源的太阳能公车站照明系统。

■ **铺装材料：** 候车平台的地面铺装宜使用防滑材料，且在边缘使用楼梯踏脚，防止雨天滑倒。

通透式的公交站亭设计

站亭顶棚：一目了然的当前站站名、线路名

2. 站牌

公交站牌是在公交车站设置的乘车指示牌，用于标明本站站名、经行线路、沿线各站站名、运行方向、运营时间等信息，是提供乘坐公交信息的重要载体。

■ 在满足既有规范前提下，公交站牌的设计应与公交站台一体化设计。站牌的信息应全面、准确。

■ 建议推广电子站牌，采用卫星定位导航技术，先进的通讯方式，地理信息系统技术，先进的视频传输技术以及智能传感器有机结合的应用系统，在为乘客提供实时准确的公交车到站预报的同时也附带有信息查询，视频监控，公众信息发布，媒体广告等功能。

信息完善的公交站牌

照明设施：照明系统可采用热感应装置，方便乘客夜间乘车，节约资源。

公交站牌的照明设施

一体化设计：为保障乘客安全与疏散，候车亭应合理设置侧挡板，尽量采用平面式站牌设计，并提供宽敞、舒适的候车空间。

与候车亭一体化设计

5.6.4 地铁出入口与公交站协同

管控目标：

■ 通过对地铁出入口与公交站之间的空间做出要求，改善换乘条件，提高通行效率和安全性。

■ 地铁出入口至公交站之间，人行道宽度不宜小于 3m，当出入口占用人行空间时，有效通行宽度不宜小于 2m。

■ 地铁出入口至公交站之间，人行和旅客驻足空间不宜小于 50m。

■ 公交站的布置，应尽量靠近地铁出入口，公交站首末站与地铁口的距离不宜大于 100m，常规公交站距离地铁口的距离不宜大于 50m。

■ 换乘节点应提供清晰的标识和指引系统，方便不同交通工具的便捷换乘。

5.7 模块五：过街设施区

总体指引：

过街区域是人、车集中冲突的区域，行人是其中相对弱势的群体，过街设施区的设计应优先考虑行人安全。

- **平面过街优先：** 平面过街设施应优先于立体过街设施；信号控制人行横道应优先于无信号控制人行横道。
- **过街通道连续：** 人行道、人行天桥、人行地道的规划，应与居住区的步行系统、城市中车站、码头集散广场、轨道出入口、建筑出入口、城市游憩集会广场等的步行系统紧密结合，构成一个完整、连续、贯通的城市步行系统。

- **优先考虑过街间距：** 根据道路服务等级和过街需求，合理设置过街通道间距。在中心区生活型和商业型道路，过街设置间距宜在 130～200m 之间；景观型、综合型道路，过街设置间距宜在 200～300m 之间；市郊区域交通型、工业型道路，过街设置间距宜在 300～400m 之间。主干路宜取大值，次干路取中值，支路取小值。需因地制宜，根据实际情况采用多种过街形式，满足多种情况下的过街需求，提升街道服务功能及慢行系统的连续性，如与学校、幼儿园、医院、养老院出入口的距离不宜大于 30m，且不应大于 80m。

 交通有序　 慢行优先　 安全街道

 人文关怀　 设施整合

序号	道路功能	道路等级	街道类型		过街设施间距（建议值）
				过街设施布置间距建议（单位：m）	
1	生活型	主干路	Bh	生活大道	130～200
2		次干路	Ch	生活次路	
3		支路	Dh	普通街道	
4	商业型	主干路	Bs	商业大街	130～200
5		次干路	Cs	商业干道	
6		支路	Ds	商业街巷	
7	交通型	快速路	At	快速路	——
8		主干路	Bt	交通主干	300～400
9		次干路	Ct	交通次干	
10	景观型	主干路	Bj	景观大道	200～300
11		次干路	Cj	景观干道	
12		支路	Dj	休闲街道	
13	工业型	主干路	Bg	工业大道	300～400
14		次干路	Cg	工业干道	
15		支路	Dg	园区支路	
16	综合型	主干路	Bz	综合大道	200～300
17		次干路	Cz	综合次路	
18		支路	Dz	综合街道	
备注			主干路宜取大值，次干路取中值，支路取小值。快速路通过过街通道按需进行设置		

5.7.1　人行横道过街

1. 路段直线式人行横道线
2. 路段交错式人行横道线
3. 交叉口二次过街人行横道线
4. 行人左右分道的人行横道线

管控目标：

■ 通过对人行横道过街设施的设计原则和方法提出建议，实现慢行系统过街的安全，快速便捷。

设计指引：

■ 人行横道线一般与道路中心线垂直，人行横道线与道路中心线夹角不宜小于60°（或大于120°），其条纹应与道路中心线平行。

■ 人行横道的设置应与人行流量及过街特性相适应。人行横道的最小宽度为3m，并可根据行人数量以1m为一级加宽，其中主干路人行横道宽度不宜小于5m。

■ 人行横道与人行道衔接处，应保证足够的驻足空间，确保畅通安全。

■ 应设置路口提示标志和信号控制，为行人和非机动车提供保障。

1. 路段直线式人行横道线

■ **空间尺度：** 人行横道长度≤16m。

■ **过街需求：** 人流量适中。

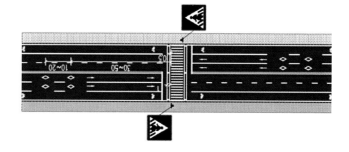

2. 路段交错式人行横道线

■ **空间尺度：** 道路宽度＞30m；人行横道长度＞16m。

■ **过街需求：** 人流量适中。

■ **驻足空间要求：** 直接式安全岛面积不能满足等候信号灯放行的行人停留需求、桥墩或者其他构筑物遮挡驾驶人视线等情况下可选用。

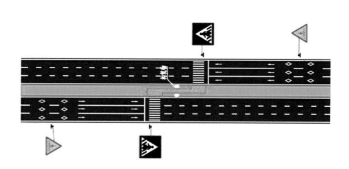

3. 交叉口二次过街人行横道线

- 人行横道长度 >16m 时需设置二次过街人行横道线。
- 计算人行横道的长度时，应将机动车道和非机动车道宽度合并计算。有中央绿化带的道路，可结合绿化带设置二次过街安全岛，无中央绿化带的道路，通过压缩机动车道宽度设置，同时需提示车辆减速通过。

- **空间尺度：** 人行横道长度 >16m 时，安全岛宽度不应小于 2m，困难情况下不应小于 1.5m。且应配置路缘石、警示桩，保障二次过街岛的安全使用。

- **过街需求：** 人流量适中。

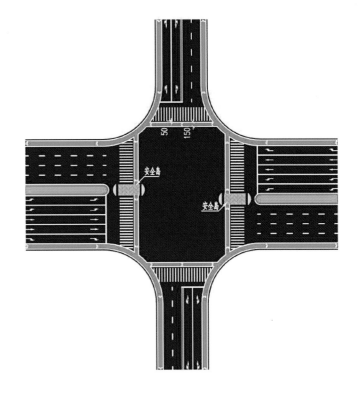

4. 行人左右分道的人行横道线

- **空间尺度：** 人行横道长度 ≤16m 时直接并列设置两道人行横道线。

- **过街需求：** 人流量较大。

- **适用道路类型：** 生活型、商业型等道路交叉口。

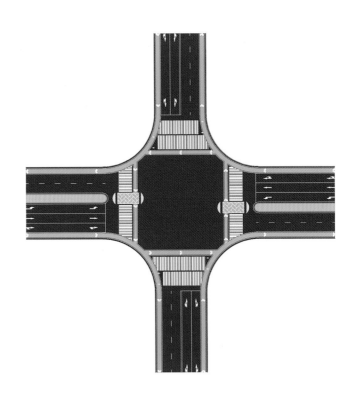

5.7.2　人行天桥过街

　　人行天桥可以有效改善被城市道路网切断的地块之间的连通性，对于时速要求较高的城市道路，分离式立体过街比地面过街更安全，既可实现自行车道和人行道的连续性，不影响道路通行能力，同时桥面可提供诸多便民服务和景观设施，供市民慢行、休闲、骑行或观光，完善步行体系。

人行过街天桥要素组成表

基本要素	服务要求	设计指引	图片示例
总体布局	以交通疏散、行人快速通行为主要目的。	• 宜与地铁站出入口、公交站、汽车站、服务站等交通站点接驳。 • **生活型街道：**结合用地、红线、周边生活服务设施实现最佳布局。 • **商业型街道：**结合周边建筑风格合理布局，可与商业建筑整体设计。 • **交通型街道：**造型简洁、可以直线形为主，交叉口以环状为主，桥面整洁通透。 • **景观型街道：**结合城市绿化空间、绿道系统及雕塑广场设置，保证景观廊道连通。 • **工业型街道：**结合街道周边各类工业厂房、产业园区及员工宿舍等设置，服务于货物输送和员工通勤。 • **综合型街道：**结合街道总体风格，兼顾城市文化及艺术功能组团辐射区域设置。	与城市广场相连 与儿童公园相接 与公交站相连 与停车场相接
无障碍设施	保证无障碍通行，保证特殊人群过街安全便捷。	• 桥面设置盲道砖、扶手等无障碍设施，与地面无障碍系统相衔接，保障无障碍通行。 • **生活型街道：**应在出入口增设垂直电梯。 • **商业型、综合型街道：**应配备垂直电梯或自动扶梯。 • **交通型、工业型街道：**应设置坡道和垂直电梯。 • **景观型街道：**根据需要设置垂直电梯，可不设自动扶梯。	

基本要素	服务要求	设计指引	图片示例

梯道及坡道 ◄········► 梯道或坡道利于人群快速疏散，符合人们出行习惯。

- 优先布设直线形梯坡道，减少螺旋梯道及回折梯道的设置，且坡率不宜过大。梯坡道接地时应尽可能平行于地面人行道。

- **生活型街道：** 应设置自行车凹槽及台阶防滑槽；接地平台宽应适当大于梯坡道宽。

- **商业型、综合型街道：** 应与周边商业空间形态相协调，串联附近广场、观光台、小型舞台及娱乐休闲设施。

- **交通型、工业型街道：** 形式以直线为主，利于快速通行。

- **景观型街道：** 形式灵活自由，整体造型与道路周边环境相协调。

排水 ◄········► 天桥桥面和雨棚进行组织集排水，不得散排。

- 主桥桥面设雨水边沟，梯坡道与主桥交接位置设截水沟，集中汇入雨水管，并就近接入市政管网。

- **生活型、商业型、综合型街道：** 人行区域可适当考虑庇护雨廊，减少雨雪天气对人们出行的影响，且实现廊道内外一体化排水。

- **交通型、工业型街道：** 可适当增加桥梁纵横坡以实现桥面快速充分排水。

- **景观型街道：** 桥面集排水与桥面绿化给排水统筹考虑，以实现设计、施工两者一体化。

基本要素	服务要求	设计指引	图片示例
绿化	减少噪声，美化环境。	<ul><li>结合当地气候、文化及景观，增加天桥绿化。</li><li>**生活型街道：**选取市民喜闻乐见的绿植，常布设于桥体两侧栽植槽或栽植带，美化居住环境。</li><li>**商业型、综合型街道：**考虑立体绿化，形式可多样、种类应丰富。营造舒适而浓烈的整体商业氛围。可适当摆放花钵等可移动种植容器。</li><li>**交通型、工业型街道：**桥体绿化不得妨碍城市交通组织，形式不宜复杂。</li><li>**景观型街道：**考虑立体绿化。种类色彩要丰富，品种达 3 种以上，建议绿化率达到 30% 以上。</li></ul>	
照明	天桥照明能较好引导人流，减少照明对周围生态的干扰；夜景效果与周边建筑照明风格统一。	<ul><li>**生活型街道：**亮度适宜，保障市民安全夜行，光线以橙红、淡黄暖色调为主。</li><li>**商业型街道：**选取各商业区主色调为天桥照明的主色调。保证与商业建筑照明风格统一，体现浓烈商业氛围。</li><li>**交通型、工业型街道：**照明风格现代简约，以线状及面状的照明方式为主。能较好地引导人流，保障顺畅通行。</li><li>**景观型街道：**整体照明亮度要控制，设计对生物干扰最小的景观照明，总体亮度满足人通行的基本要求即可，为建立生物多样性创造条件。</li></ul>	

5.7.3 地铁出入口与地下通道过街   1. 地铁出入口   2. 地下通道过街

1. 地铁出入口

地铁出入口是地铁轨道交通与地面交通的交汇点，是地铁设计的最后一道程序，优秀的地铁出入口方案可以加强自身辨识度，引导客流，充分串联地上与地下交通，打造城市景观，成为地铁文化形象不可分割的一部分。

地铁出入口要素组成表

基本要素	服务要求	设计指引	图片示例
总体布局	根据出入口与周边城市道路和街区环境的关系，对不同类型地铁出入口进行合理的要素组合和配置。	▪ 采用标准形式和色彩，增强出入口建筑辨识性。 ▪ 增强引导性，设置广场集散区，增设周边地面铺装划线和提示。 ▪ **生活型街道：**一般位于轨道站点分级中的一般性或节点性站点，建筑常采用独立式门厅。 ▪ **商业型、综合型街道：**一般位于轨道站点分级中的节点性或枢纽性站点，建筑常采用独立式或合建式门厅。 ▪ **交通型、景观型、工业型街道：**一般位于轨道站点分级中的一般性站点，建筑常采用独立式门厅或敞口。	
建筑类型	出入口建筑应符合街道的风貌特点，与周围环境和谐统一。	▪ **生活型街道：**出入口宜体现民居及地域特色。 ▪ **商业型街道：**出入口宜表现现代感和时尚感。 ▪ **交通型街道：**出入口宜外观简洁、功能直接。 ▪ **景观型街道：**出入口宜融入垂直绿化和景观照明元素。 ▪ **工业型街道：**出入口宜使用简约工业风格。 ▪ **综合型街道：**出入口宜体现街区的总体风格。	

基本要素	服务要求	设计指引	图片示例
与人行道衔接	统筹设置公共服务设施，提升公共资源使用效率。 ◄┄┄┄┄┄►	• 出入口与周边人行道的连接应保证流线顺畅且留有足够宽度。 • 铺装和地面标线应当明确清晰，衔接通道需进行无障碍处理。 • 地铁出入口与人行道之间应统筹公共服务设施，提升公共资源使用效率。	 
与自行车停车点衔接	配置自行车停放场给使用者提供最后一公里的换乘服务。 ◄┄┄┄┄┄►	• **生活型街道：** 距离地铁口20～30m为宜。 • **商业型、综合型街道：** 距离地铁口30～40m为宜。 • **交通型、工业型街道：** 距离地铁口10～20m为宜。 • **景观型街道：** 距离地铁口40～50m为宜。 • 特殊情况下，可考虑将站前小广场作为自行车临时停放场地。	
与过街设施衔接	过街地道或过街天桥与出入口一体化设置。 ◄┄┄┄┄►	• 应尽量结合周边既有过街地道进行一体化建设，减少人车交叉，乘客可不穿越马路到达其他路口。 • 出入口位于高架式车站或地面空间不足时，可考虑其与过街天桥一体化设置。	
与公交站点衔接	在地铁站与公交站之间宜采用直通或一体化等空间及功能衔接措施。 ◄┄┄┄┄┄►	• 结合公交路网规划进行布局调整，重点考虑与地铁方向垂直的公交线路。 • 充分考虑到快速轨道交通换乘量大的特点，建议附近公交站设置成港湾式停车站。 • **生活型街道：** 距离地铁口20～30m为宜。 • **商业型、综合型街道：** 距离地铁30～40m为宜。 • **交通型、工业型街道：** 距离地铁20～30m为宜。 • **景观型街道：** 距离地铁口40～50m为宜。	

2. 地下通道过街

地下通道立体过街设施的使用较少受到周围用地空间的限制，利于城市景观及沿街商业的开发，可为行人和骑行者提供快速的地下过街通道，增强人与建筑内部空间的互动，成为地下商业空间的重要组成部分。

地下通道要素组成表

基本要素	服务要求	设计指引	图片示例
总体布局	提升过街通行能力，实现人车分流，与轨道交通及商业衔接。	• 宜结合地铁出入口、公交站、汽车停靠站、重要建筑及其他类型交通接驳点设置。 • 有条件时，提供全天候运营服务。 • **商业型街道：** 可与商业建筑地下广场整体建设，或预留接入条件。 • **综合型街道：** 鼓励与周边商场、文体场馆、地铁车站等大型人流集散点直接连通。	
无障碍设施	保证无障碍通行，保证特殊人群过街安全便捷。	• 通道设置盲道砖、扶手等无障碍设施，与地面无障碍系统相衔接，保障无障碍通行。 • **生活型、交通型、工业型街道：** 应在出入口增设垂直电梯。 • **商业型、综合型街道：** 应配备垂直电梯或自动扶梯。 • **景观型街道：** 根据需要设置垂直电梯。	
地道进出口	引导人群快速通过，兼顾功能与景观一体化设计。	• 地道出入口应根据需要设置导向牌，所有宣传性标志牌的设置不得妨碍地道通行能力。 • 地下通道需要有直接的视线，并避免在出入口出现锐角设计。 • 进出口应选择设置在公交站、地铁站等交通枢纽站附近，并保障非机动车通行。 • 出入口建筑遵循与环境协调的原则。	

基本要素	服务要求	设计指引	图片示例
防排水	加强防水排水措施，保持室内清洁干燥。	▪ 地道结构宜采用自防水结构。 ▪ 进出口应有比原地面高出 0.15m 以上的阻水措施。 ▪ 地道铺装两侧应设置排水边沟，并盖以格栅盖板。 ▪ 地道内应设置独立的排水系统，凡能采用自流方式排入地道外的城市排水管道，应采用自流排水，否则应设置泵房。 ▪ 进出口宜设置雨篷。	
照明	合理布设灯具，使照度均匀，加强灯光对人流的引导。	▪ 地下通道内应使用亮色装饰或隔音材料。 ▪ 在地下通道内、引道、坡道和台阶上的照明应全方位布局，综合利用。 ▪ 墙壁、地板和天花板的设计应能反射光线。 ▪ **生活型街道：** 可以安装监控设备来增强人身安全感，并应提供镜子以提高能见度。 ▪ **商业型、综合型街道：** 运用特色广告边框、高清喷绘墙面广告、LED 灯箱广告等装饰墙面。	

5.7.4 公共交通与人行过街设施的协同

1. 自行车停放区与过街区布局
2. 公交站与过街区布局
3. 地铁出入口与人行道布局

管控目标:

■ 通过对公共交通设施与人行过街的指标控制,优化慢行系统的布局,实现交通转换路段慢行通畅、有序,提高过街效率和安全性,改善慢行系统通行质量。

  需协调好人行过街设施与公共交通的站点、自行车停放区域的空间布局关系,设置公交站点、自行车停车区、人行天桥、过街地道等设施时,应确保慢行通行区的畅通,优先保障人行需求。

1. 自行车停放区与过街区布局

自行车停放区域距离第一个过街通道之间的距离应满足:

■ 不宜小于交叉口展宽段长度。

■ 当过街通道为人行天桥、地下通道,或当交叉口无展宽时,长度不宜小于30m。

■ 自行车停放区域与第一个过街通道之间的人行道宽度不宜小于3.0m,非机动车道宽度不宜小于2.5m。

■ 应使用划线、栏杆、花坛等设施对自行车停放区域与人行空间进行隔离,避免非机动车违章占用人行道空间。

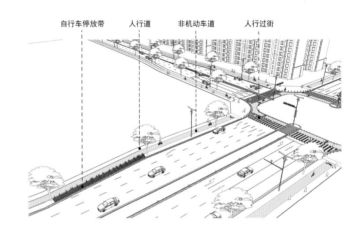

对 Bs 商业大街、Cs 商业干道及 Bh 生活大道等重点街道,管控要求应加强:

■ 不应小于交叉口展宽段长度。

■ 当过街通道为人行天桥、地下通道,或当交叉口无展宽时,Bs 商业大街要求的长度不应小于40m,Cs 商业干道及 Bh 生活大道要求的长度不应小于30m。

■ 自行车停放区域与第一个过街通道之间的人行道宽度不宜小于5m,非机动车道宽度不宜小于3.5m。

■ 应使用栏杆、花坛等设施对自行车停放区域与人行空间进行隔离,避免非机动车违章占用人行道空间。

2. 公交站与过街区布局

公交站距离第一个过街通道之间的距离应满足：

- 不宜小于交叉口展宽段长度加 20m。

- 当过街通道为人行天桥、地下通道，或当交叉口无展宽时，长度不宜小于 50m。

- 自行车停放区域与第一个过街通道之间的人行道宽度不宜小于 3m，非机动车道宽度不宜小于 2.5m。

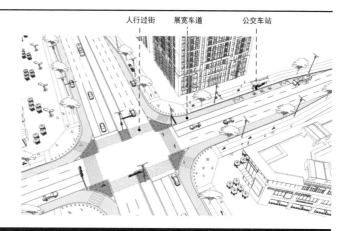

对 Bs 商业大街、Cs 商业干道及 Bh 生活大道等重点街道，管控要求应加强：

- 不应小于交叉口展宽段长度加 20m。
- 当交叉口无展宽时，长度不应小于 50m。
- 当过街通道为人行天桥、地下通道时，Bs 商业大街要求的长度不应小于 40m，Cs 商业干道及 Bh 生活大道要求的长度不应小于 30m。

- 公交站与第一个过街通道之间的人行道宽度不宜小于 5m，非机动车道宽度不宜小于 3.5m。
- 公交站停靠范围内，不允许停放非机动车，非机动车宜停在公交站渐变段及其以外的部分区域。

3. 地铁出入口与人行道布局

- 地铁出入口与第一个过街通道之间的人行道宽度不宜小于 3m，非机动车道宽度不宜小于 3.5m。

- 地铁出入口两侧 10m 范围内不得设置自行车停放区。自行车停放区设置后，有效人行通行宽度不小于 2m。

对 Bs 商业大街、Cs 商业干道及 Bh 生活大道等重点街道，管控要求应加强：

- 地铁出入口与第一个过街通道之间的人行道宽度不宜小于 5m，非机动车道宽度不宜小于 3.5m。

- 地铁出入口两侧 20m 范围内不得设置自行车停放区。自行车停放区设置后，有效人行通行宽度不小于 3m。
- 地铁出入口驻足平台面积不宜小于 30m²。

5.8 模块六：
景观绿化

5.8 模块六：景观绿化

总体指引：

　　道路绿化设计应满足现行交通及绿化规范，考虑行车及行人安全、遮阴需求、植物生长习性、植物与各设施的安全距离等。道路绿化联系和平衡了不同层次、不同层级的绿化景观，承载着美化城市环境、改善城市空气质量、助力城市规划设计以及生态保护的功能，需与城市总体风貌相协调的同时凸显路段特色。

 人文关怀　 生态种植　 绿色技术

 明星街道　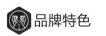 品牌特色　 文化魅力

景观绿化要素引导表

序号	道路功能	道路等级	街道类型	绿化风貌要求	配置建议	树池形式推荐
1	生活型	主干路	Bh 生活大道	• 安全、舒适、宜人、可达、连续和富有吸引力的空间	• 通透式配置方式（地被 + 乔木）； • 以常绿植物为主	独立树池 / 连续树池
2		次干路	Ch 生活次路			
3		支路	Dh 普通街道			
4	商业型	主干路	Bs 商业大街	• 需更多的休憩区域； • 兼顾遮阴及观赏需求； • 与建筑、铺装风格协调统一	• 复合式配置方式（地被 + 灌木 + 乔木）； • 以落叶植物为主	独立树池
5		次干路	Cs 商业干道			
6		支路	Ds 商业街巷			
7	交通型	快速路	At 快速路	• 防眩、美化、减轻视觉疲劳； • 空间分割、景观组织、遮蔽及装饰美化； • 整体氛围简洁大气	• 通透式配置方式（地被 + 乔木）； • 以常绿（抗污染、抗噪）植物为主	连续树带
8		主干路	Bt 交通主干			
9		次干路	Ct 交通次干			
10	景观型	主干路	Bj 景观大道	• 与沿线绿地景观风貌统一协调； • 突出自然景观，营造特色景观； • 增加景观层次性、色彩多样性，增强道路的可识别性	• 复合式配置方式（地被 + 灌木 + 乔木）； • 以观花、观叶植物为主	连续树池 / 连续树带
11		次干路	Cj 景观干道			
12		支路	Dj 休闲街道			
13	工业型	主干路	Bg 工业大道	• 简洁硬朗的组织方式； • 树种不宜多，色彩不宜繁杂	• 通透式配置方式（地被 + 乔木）； • 以常绿（抗污染、抗噪、抗烟尘）植物为主	连续树带
14		次干路	Cg 工业干道			
15		支路	Dg 园区支路			
16	综合型	主干路	Bz 综合大道	• 安全、舒适、宜人、连续和富有吸引力的空间； • 更多的休憩区域与服务设施； • 兼顾遮阴及观赏需求； • 与建筑、铺装风格协调统一	• 根据街道特点配置	独立树池 / 连续树池
17		次干路	Cz 综合次路			
18		支路	Dz 综合街道			
19	明星街道	主干路 / 次干路	商业型、交通型、景观型	• 作为形象之道，应体现城市道路绿化特色及景观风貌； • 高建设标准，突出城市文化特色，增强城市外部形象，传达城市风采，映射城市文化	• 复合式配置方式（地被 + 灌木 + 乔木）； • 以观花、观叶植物为主	独立树池 / 连续树池 / 连续树带

5.8.1 植物配置原则

1. 适地性与人文性 　 4. 适宜的绿化宽度
2. 统一性与协调性 　 5. 交通安全
3. 生态性与多样性 　 6. 设施协调

1. 适地性与人文性

　　根据当地条件，以乡土树种为主，适当引入当地应用成熟的外来树种，从生长状况、适应能力、美化效果、抗病虫害性、降噪除尘能力等综合考虑选择植物品种，并通过具有地方特色的乡土树种，打造具有当地人文、历史、社会风情等特色的植物景观。

2. 统一性与协调性

　　要遵循统一的原则，通过整体的基调树种、统一的配置手法来形成一个统一的景观风格。在统一的基础上，协调好植物与建筑、山、水、道路之间的关系；协调好相互之间的比例、色彩关系；协调好生态、社会、经济效益三者之间的关系。

3. 生态性与多样性

　　按照生态性的原则，选择合理的植物种类，以"乔、灌、地被、草"的多层复合绿化打造结构稳定的植物群落，充分发挥绿地的生态效益。

　　建议将绿化带设计标高降低，起收集雨水的作用。

　　植物配置时，尽量做到树种多样化，将速生与慢生相结合，注意意境营造、四季景观色彩的变化。

4. 交通安全

　　在交通信号灯、标志/标识牌及其他交通设施的停车视距范围内，建议避免树木枝叶遮挡，绿化也不应遮挡路灯照明。

5. 适宜的绿化宽度

道路绿地率要求：

　　道路绿地率＝道路红线内各种绿带宽度的总和/道路总宽度

道路类型	道路绿地率
园林景观路	≥40%
红线宽度＞50m	≥30%
红线宽度在40~50m之间	≥25%
红线宽度＜40m	≥20%

绿化种植带宽度要求：

绿化种植类型	绿化带净宽度（m）
灌木	0.8~1.5
单行乔木	1.5~2.0
双行乔木平列	5.0
双行乔木错列	2.5~4.0
草皮及地被	0.8~1.5

参考：《城市道路绿化规划与设计规范》CJJ 75—1997

6. 设施协调

　　植物绿化设计应处理好与道路照明、交通设施、地上杆线、地下管线的关系。

　　合理布局街道绿化，通过多种方式增加街道绿量，发挥街道遮阴、滤尘、减噪等作用。

5.8.2 城市街道绿化风貌指引

1. 绿化系统风貌控制
2. 不同类型街道的风貌指引

管控目标:

■ 城市街道绿化是城市街道的重要组成部分,对打造城市形象极具影响力。应根据城市性质、街道类型、自然条件、城市环境等合理地进行设计。从城市整体及不同街道类型出发,在景观特色、配置形式等方面给出指引,使街道绿地与城市总体风貌相协调,路段特色鲜明。

1. 绿化系统风貌控制

在城市绿地系统规划中,应确定街道类型的绿化景观特色。

■ 同一街道的绿化宜有统一的景观风格,不同路段的绿化形式可有所变化。

■ 同一路段上的各类绿带,在植物配置上应相互配合,并应协调空间层次、树形组合、色彩搭配及季相变化的关系。

■ 毗邻山、河、湖、海的街道,其绿化应结合自然环境,突出自然景观特色。

2. 不同类型街道的风貌指引

街道类型	风貌要求	配置建议
生活型	• 作为居民日常活动的空间，需要有安全、舒适、宜人、可达、连续和富有吸引力的空间，来激发城市的活力。 • 可对街道进行分类主题景观营造，以反映一定的区域特色，为人们提供舒适的慢行环境。	建议采用通透式配置方式，减少中层植物的运用。注重人性化环境的营造，强调绿化为人服务的作用高于进行景观装饰的功能，鼓励采用树列、树阵、耐践踏的疏林草地等绿化形式，形成活力区域。 
商业型	• 在商业街上人们主要以步行为主，需要更多休憩的绿化景观区域，要达到遮阴及观赏需求的同时，景观绿化风格要和商业建筑风格及硬质铺装相协调统一，突出商业型街道的娱乐性特点，展现独特的文化结构和文化肌理。 • 可针对周边建筑风格进行特色主题景观营造，反映个性化区域特色，为人们提供舒适的、精美细致的特色慢行环境。	建议采用通透式配置方式，退界空间内绿化可复合式配置。上层乔木应雄伟挺拔，但应避免树冠对沿街商业及周边交通指示牌的消极遮挡；中层花灌木无异味、无刺、花期长，下层多年生草花和草搭配，形成丰富多彩的景观氛围。 
交通型	• 在起到防眩、美化环境、减轻视觉疲劳作用的同时，应衬托城市建筑，对周围环境进行空间分割和景观组织、遮蔽及装饰美化。 • 注重色彩以及树种的统一性、协调性，整体氛围简洁大气，不宜繁琐复杂。一路一景，景与景之间可做变化但不宜变化太大。	以乡土植物塑造整体景观效果，配置简洁大气，色彩不宜过多，考虑植物的抗逆性、适应性和降噪除尘能力，注重景观的长期性与养护的简易性；路侧尽量不选择枝条较脆的乔木；树种优先选择常绿品种。  

街道类型	风貌要求	配置建议
景观型	▪ 与沿线的公园绿地、防护绿地、滨水绿地等城市开放空间用地达成统一协调的景观风貌。 ▪ 突出自然景观，密切联系人文景观，突出历史风貌特色，从而营造独特的景观特色，并通过优美的景观激发街道活动。	可运用特色树种营造特色氛围，利用不同的形态进行对比和衬托，选择观花、观叶植物进行搭配，充分发挥植物的特性及季相性，增加景观层次性、色彩多样性，增强街道的可识别性。 
工业型	▪ 主要位于工业用地与仓储用地较为集中的区域，工业园区围墙与道路之间的绿化带宜以简洁硬朗的方式组织，突出工业特点。 ▪ 树种不宜多，色彩不宜繁杂。	考虑使用具有较强吸附能力的植物，以吸收、净化被污染的水、土壤和空气。 
明星街道	▪ 明星街道作为城市的特色街道，是形象之道，应体现城市特色景观风貌。 ▪ 应采用高建设标准，突出城市文化特色，增强城市外部形象，传达城市风采，映射城市文化。	可大量运用当地特色树种或者市树，特征明显、树形奇特的开花乔木进行列植，营造特色街道景观氛围，彰显城市特色。  

5.8.3　行道树　　　　　　　　　1.　设计要求　　2.　配置原则　　3.　品种选择

行道树绿带布设在人行道与车行道之间，是以种植行道树为主的绿带。

管控目标：

- 同一道路的行道树应当有统一的景观风格；行道树的种植，应当符合行车视线、行车净空、道路照明和行人通行的要求；同时应满足遮阴及美化城市的功能，以"与城市风貌协调同时凸显特色"为原则，增强城市道路的识别性和特色。

1.　设计要求

- 鼓励有条件的街道连续种植高大乔木、形成林荫道，提升休憩空间品质。

- 充分利用植物本身丰富的季相变化，在不同区域种植不同季相特征的主干植物，做到四季有花、四季有景、四季各有特色的不同观赏道路。

- 应对行道树进行及时、适当地修剪，避免绿化种植遮挡路灯、路牌和信号灯。

- 街道交叉口人行道切角 5m 范围内及人行道位于管涵、桥梁的区段不宜种植行道树。

- 不宜选择根系发达，对人行道铺装具破坏作用的乔木。

2.　配置原则

- 树种选择及配置形式等宜对称或均衡，强化道路线形，增强城市道路的识别性和特色。

- 空间较为紧凑的街道应因地制宜，根据道路空间情况，合理选择行道树种植方式。

  宽度小于 20m 且沿街建筑界面连续的街道，可采用较高密度种植中小型树木，或采用较大的种植间距种植高大乔木。

  东西向道路南侧形成连续界面时，可以只在北侧种植行道树，以此释放人行道通行空间。

  商业步行街可以在道路中央种植行道树，减少对沿街商业店面的遮挡。

行道树种植形式

- **A 连续树带：** 在人流量不大的路段，可在人行道和车行道之间留出一条不加铺装的种植带，行道树下种植地被或铺植草皮。

- **B 连续树池：** 可形成条形树池，树池与树池间断开以方便行人通行。

- **C 独立树池：** 人流量大而人行道又窄的路段应采用树池式，树池铺设铸铁盖板、石料或种植草皮，不宜种植灌木。

A 连续树带

B 连续树池

C 独立树池

3. 品种选择

- 应选择株型整齐、观赏价值高；生命力强健，病虫害少，便于管理，花、果、枝叶无不良气味；易于维护和移植；有一定耐污染、抗烟尘能力；树木寿命较长，生长速度不太缓慢的品种。
- 苗木规格建议：

    苗木选择需满足行车净空需求。机动车行车道边的行道树冠下净空高应大于 3m；人行道及自行车道边的乔木冠下净空高应大于 2.5m。

5.8.4 分隔带

1. 中央分隔带　2. 两侧分隔带　3. 品种选择

车行道分隔带包括中央分隔带及两侧分隔带。

管控目标：

- 道路绿带设计要求满足交通设计安全要求，配置上能阻挡相向行驶车辆的眩光，绿带端头植物应保证行车有足够的安全视线。绿化形式上简洁、大气、明快。

1. 中央分隔带

中央分隔带位于上下行机动车道之间。

（1）设计要求

- 乔木树干中心至机动车道路缘石外侧距离不宜小于0.75m。

- 在距相邻机动车道路面高度0.6~1.5m之间的范围内，配置植物的树冠应常年枝叶茂密，其株距不得大于冠幅的5倍。

- 快速路的中央分隔带上不宜种植乔木。

（2）配置原则

- 自然式种植：
  适用于中央分隔带呈不规则式、有地形变化或规则式、宽度较宽的分隔带。地被线及林冠线需优美、流畅。

- 规则式种植：
  适用于中央分隔带呈规则式，或宽度较窄的分车带。

自然式种植

规则式种植

2. 两侧分隔带

两侧分隔带位于机动车与非机动车道之间或同方向机动车道之间。

（1）设计要求

- 两侧分隔带应保持视线通透，端部采取通透式种植，以利行人、车辆安全。

- 在距相邻机动车道路面高度 0.4~2.5m 的范围内，不应种植遮挡视线的灌木类植物。

- 建议尽可能种植乔木，更好地为非机动车道遮阴。

- 道路沿线交叉口、地块出入口、行人过街横道等处应保证行人、驾驶人与驾驶员的视距要求，道路绿化及其他附属设施高度不得超过 1.2m，且需要提前降低。

（2）配置原则

- 绿化种植：

  应利用不同的形态特征进行对比和衬托，注意纵向的立体轮廓线和空间变换，做到高低搭配，有起有伏，并对不同花色花期的植物进行相间分层配置，使植物景观丰富多彩。

- 宽度：

  宽度大于 1.5m，以乔木种植为主，并与灌木、地被相结合。宽度小于 1.5m，以灌木种植为主，结合地被或草皮简洁处理。

乔木、灌木、地被相结合

灌木为主，结合地被或草皮

3. 品种选择

- **乔木：** 应以中小型常绿乔木为主，大乔木、开花落叶乔木作点缀，规则配置时应采用干直、高度相当的品种。
- **灌木：** 应选择枝叶丰满、株形完美、花期较长、植株无刺或少刺、叶色有变，能通过修剪控制其形态的品种。
- **地被：** 应采用冠幅饱满，不易老化和裸露的品种。

5.8.5　路侧绿带

路侧绿带是布设在人行道边缘至道路红线之间的绿带，路侧绿带中的植物景观设计应与街道空间尺度与景观风貌保持协调。

设计原则

■ 路侧绿带形式应适当考虑路旁用地类型及周边环境，对设计风格进行整体把控，营造乔灌草层次丰富的植物群落景观，形成相对稳定的生态结构，使绿化和街景融合形成统一风格。

■ 乔木种植时应控制密度，留出足够的生长空间。乔木林垂直投影采光率不小于40%。

规则式绿带

疏林草地

密林草地

乔木林

路侧绿带配置原则			
路侧绿带形式		**设计要点**	**绿带宽度（m）**
规则式绿带 （含折线形与 曲线形）	无乔木	▪ 简洁大气； ▪ 整形灌木； ▪ 色彩明朗、搭配合理； ▪ 以标准段形式出现，整体性和连续性强	$D \leqslant 1.5$
	有乔木	**乔木：** ▪ 线性或组团式规律栽植； 　　　　▪ 以标准段形式出现； 　　　　▪ 相对道路，种植位置靠灌木中间或靠后。 **灌木：** ▪ 以标准段形式出现； 　　　　▪ 整形灌木； 　　　　▪ 色彩明朗、搭配合理； 　　　　▪ 以标准段形式出现，整体性和连续性强。 **地被：** ▪ 以标准段形式出现； 　　　　▪ 色彩纯净、搭配合理，建议搭配使用彩叶乔木及花灌木	$1.5 < D < 8$
疏林草地		▪ 树木为本，花草点缀； ▪ 乔木为主，灌木为辅； ▪ 上层乔木稀疏，郁闭度在 0.4～0.6 之间； ▪ 下层以草本植物为主体，草地建议点缀开花乔灌	$D \geqslant 10$
密林草地		▪ 乔木种植郁闭度较高，形成背景林； ▪ 背景林与开阔的草坪对比鲜明； ▪ 林下种植耐阴植物，林缘点缀开花乔灌	$D \geqslant 8$
乔木林		▪ 需考虑隔离、防护功能； ▪ 林带栽植密度不宜过大，需预留乔木生长空间； ▪ 乔木以生长抗性强的树种为骨干树种，结合实际情况，选择相应的功能性 　树种搭配使用； ▪ 灌木和地被选择耐阴性良好的品种，成片种植，品种不宜过多	$D \geqslant 20$

注：路侧绿带植物配植中应注意常绿树、落叶树合理搭配，常绿树比例不应低于 40%，花树和彩叶树不宜低于总栽植量的 30%。

5.8.6 交通岛绿地

1. 设计要求   2. 配置原则   3. 品种选择

交通岛是指控制车流行驶路线和保护行人安全而设置在道路交叉口的岛屿状构造物。

交通岛绿地分为中心岛绿地、导向岛绿地和立体交叉绿岛。

管控目标：

- 通过绿化来辅助交通设施显示道路空间界限，其主要功能是诱导交通、保证行车速度、控制人流和车流、提高行车安全等。良好的交通岛绿化设计应起到降低噪声、净化空气、美化市容，调节改善道路小气候等作用。

1. 设计要求

- 交通岛周边的植物配置宜增强导向作用，在行车视距范围内应采用通透式配置。

- 交通岛绿化面积在 300m² 以下的，且宽度小于 10m 的，地被植物的选择高度应低于 0.9m。绿化面积在 300m² 以上，且宽度大于 10m 的分车岛绿化，可进行复层配置。

中心岛绿地应保持各路口之间的行车视线通透，布置成装饰绿地

导向岛绿地配置矮地被、高分支点乔木

立体交叉绿岛桥下宜种植耐阴地被植物

立体交叉绿岛桥下宜进行垂直绿化

2. 配置原则

■ **安全舒适：** 利用绿化解决交通绿岛的眩光问题，充分考虑安全视距中的种植苗木高度。

■ **美学观赏：** 交通岛绿化配置、节奏、布局、色彩变化等都应与道路的空间尺度相和谐。

■ **生物多样性：** 交通岛绿地以植物造景为主，可根据交通岛绿化面积及人行过街遮阴需求，采用"地被＋灌木＋乔木"相结合的立体复层绿化形式，提高绿化植物种类组成的多样性。

中心岛绿地

设置在平面交叉中央的圆形或椭圆形的交通岛。

- 可点缀观赏价值较高的常绿小乔木、花灌木、丛植宿根花卉，采用不同的图案形式时，图案应简洁，曲线优美，色彩明快；

- 不宜密植乔木或大灌木，以免影响行车视线。

导向岛绿地

为把车流导向指定的行进路线而设置的交通岛。

- 可采用乔灌结合的配置形式；

- 路段及交叉口宜形成连续的林荫。在交叉口视距三角形范围内，行道树应采用通透式配置，间距不得小于4m。应选择分枝点高的乔木，常绿树分支点高度应为2.8m以上，落叶乔木分支点高度应在3.2m以上。种植绿篱时，株高＜0.7m。

立体交叉绿岛

公路、铁路等交通线路各自或相互交叉时形成的交通岛。

- 采用乔木、灌木、地被复合式立体绿化；要想形成疏朗开阔的绿化效果，可在草坪上点缀乔木，或者孤植树和花灌木。

3. 品种选择

抗逆性强，树形成型性好，易形成直立的主干，冠大荫浓，寿命长，根系发达，耐修剪，具有良好的观赏价值。

5.8.7 立体绿化   1. 天桥绿化   2. 墙面绿化   3. 棚架绿化

与道路相关的立体绿化主要包括人行天桥绿化、墙面绿化及棚架绿化。

管控目标：

■ 道路立体绿化承担着生态及景观功能。立体绿化设计应选择合适的构架及绿化配置形式，不得影响构架结构安全。

1. 天桥绿化

完善的天桥绿化可以柔化天桥轮廓，提高绿视率，形成城市特色景观，树立特色地标。

（1）设计要求

■ 需满足安全、耐久、适用、环保、经济和美观的要求。

■ 与周边环境和谐统一、融入城市空间环境。

■ 桥下空间高度低于 5m 的，应利用边缘空间进行绿化；桥下空间高度高于 5m 的，应选用耐阴植物充分绿化。

（3）天桥绿化类型

整体式、悬挂式、摆放式。

（4）适用范围

符合立体绿化施工条件的人行天桥桥梁防护栏内侧或外侧。

（2）配置原则

■ 生活型、商业型、综合型的天桥绿化以观花植物为主，突出营造"花桥"景观。

■ 交通型、工业型或者绿化植物分布较少的街区，应以绿色观叶植物为主。

■ 景观型或文化区宜种植可造型的植物品种。

（5）品种选择

色彩鲜艳，容易搭配形成大色块景观；对土壤要求不高的浅根性植物；具有耐高温、耐干旱、抗污染的特性。

整体式天桥绿化

悬挂式天桥绿化

摆放式天桥绿化

2. 墙面绿化

墙面绿化是泛指用攀缘或者铺贴式方式以植物装饰建筑物的内外墙和各种围墙的一种立体绿化形式。墙体绿化在丰富了城市道路边界立面景观的同时改善了城市生态环境。

（1）设计要求

■ 需要从设计、选材、施工和管理维护等方面进行综合考虑。

■ 计算所需绿化的墙面的各项指标，确保种植绿化后墙体的安全性，墙面应做相应的防水处理，安装灌溉系统，设计排水系统。

（3）墙面绿化类型

攀爬式或垂吊式、种植槽式、模块式、铺贴式、布袋式、板槽式。

（4）适用范围

适用于道路沿线景墙、临时性植物装饰及低矮墙体。

（2）配置原则

■ 种植前应对种植位置的朝向、光照、地势、土壤状况进行勘察，因地制宜选择适宜的绿化形式。

■ 墙面攀爬或墙面贴植应充分利用周边绿地进行种植，如无适宜的立地条件，可选用种植槽和种植箱。绿墙植物种植时应注意预留植物生长空间。

■ 与建筑以及周围环境和谐统一，在色彩、空间大小、形式上协调一致，达到丰富多样的景观效果（包括叶、花、果、植株形态等的合理搭配）。

（5）品种选择

- 以木本植物和多年生草本植物为主，选择抗性强，低养护的植物品种。

- 墙面攀爬宜选用 2 年生 3 分枝以上规格植物。

- 墙面贴植宜选用高度 1.5m 以上，枝条柔韧，耐修剪植物。

建筑物外部装饰与绿化相结合的立体绿化

建筑物外墙绿化

围墙立体绿化

3. 棚架绿化

棚架绿化将绿化植物作为棚架的一部分与棚架的设计相结合，在使棚架融入自然环境的同时增加廊架的遮阴性。

（1）设计要求

- 在选择绿化品种时除考虑棚架的承重因素外，还需考虑植物本身的生长习性及观赏特征。

- 棚架位置应保证植物有充足的种植空间。

- 绿化不应损坏原有棚架的安全结构，影响棚架功能的使用。

（3）棚架绿化类型

- 棚架构造形式：嵌入式、顶置式、独立结构式

- 材质：竹木结构、绳索结构、钢筋混凝土结构、砖结构、金属结构、混合结构。

- 造型：几何式、半棚架式、阶梯式、跳踞式、跨越式、单柱式。

（2）配置原则

- 攀缘能力较弱的攀缘植物，初期应采取人工措施帮助植物攀缘或者缠绕。

- 应根据花架方位、体量、构造、材料、花池位置选择植物种类。

- 植物栽植密度应根据植物大小、品种确定。

（4）适用范围

道路范围内或沿线各种开敞空间中的棚架。

（5）品种选择

- 宜选用 2 年生以上生长健壮、根系丰满的植物。

- 独藤状的攀缘植物，宜选独藤长 2m 以上品种，丛生状的攀缘植物，应剪掉多余的丛生枝条，留 1~3 根最长的茎干。

- 考虑观花、观果的美化效果，宜选择花色、果色鲜亮的攀缘植物进行绿化。

棚架绿化

5.8.8 树池/树带

1. 树池　2. 树带

管控目标：

- 树池/树带的功能与形式应充分考虑场地条件；同一街道用同一样式，样式美观，材料、风格与人行道铺装及周边环境相协调，树池/树带可与座椅、铺装等相互结合形成特色景观，可兼顾休息、照明等实用功能。

1. 树池

提供城市道路树木生长所需的最基本空间，承担保护植物的基础功能，形成城市道路景观的重要部分。

（1）独立式树池

- 适用于人行道尺寸较小或人流量较大的城市道，推荐生活型街道、商业型街道。

- 行人密集的道路，裸露树穴应加设盖板，方便行人通行。

- 鼓励利用树池的间隔空间来布置市政设施。

独立式树池

（2）抬升式树池

■ 适用于种植深度不足的区域，可用于人行道与建筑退界之间，来划分空间。推荐用于生活型街道、商业型街道、景观型街道、综合型街道。

■ 形状不限，道路开敞空间内可结合场地设计。

■ 高出人行道表面 0.4～0.5m 时可考虑结合座椅设置，提供休憩功能。

■ 不能阻碍人行道行人通行，建议用于人行道宽度足够的区域。

抬升式树池

2. 树带

■ 推荐景观型街道、交通型街道、工业型街道。

■ 用于分隔非机动车道与人行道，以提供更为安全的步行环境。占地面积大，可消纳更多的降雨。景观型街道更加注重营造景观效果。

■ 考虑行人过街的需求，留出通道为行人提供便利。

■ 在人流量较大的区域，考虑使用盖板覆盖，方便行人通行，盖板材料应该选择轻质可透水材料。

■ 有更多的种植空间，可以"乔、灌、草"三个层次来设计道路绿化。

交通型街道

人流量较大区域，增加通行空间

景观型街道

人流量较小区域

建议可将绿化带设置成生态树带，减缓雨水流速，使雨水收集系统与景观相结合

5.9 模块七：铺装系统

总体指引：

　　为营造美观、安全且稳定的高品质街道空间，应合理提高铺装材料档次。景观要求较高的区域突出显示线形，面层宜考虑与街道定位相匹配的色系。具有海绵城市要求的区域应合理设置透水铺装。

　　人行道、非机动车道铺装应结合街道类型、景观风貌及沿街功能等因素综合考虑，充分结合当地生活习惯、属地文化特性等，提升行人在城市骑行和步行时的感受。

 活动舒适　　 尺度宜人　　 人文关怀

 明星街道　　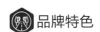 品牌特色　　 文化魅力

5.9.1 人行道铺装

1. 铺装与街道的匹配　3. 推荐铺装样式
2. 铺装面层材料

管控目标：

■ 人行道铺装应简洁耐用，维护方便，并能与周边环境相融合，使街道步行体验更加舒适愉悦。人行道与退缩空间应一体化设计，采用统一铺装的材质和风貌，使街道空间形成一个整体。

1. 铺装与街道的匹配

人行道铺装及街道分类分级推荐匹配意向表						
街道类型	街道交通等级	风貌	色彩	材质	铺装规格	铺装意向
生活型	主干路、次干路	温馨舒适、现代宜居	灰、米黄色等暖色系为主，局部点缀以棕色系、红色系 R:127 G:127 B:127 R:217 G:217 B:217 R:180 G:160 B:140 R:210 G:205 B:175 R:220 G:195 B:170 R:215 G:150 B:150	花岗岩砖、仿石砖、陶瓷透水砖、彩色透水砖、透水混凝土等	中规格密缝铺贴	
生活型	支路				中小规格密缝铺贴	
商业型	主干路、次干路	现代、时尚、富有时代气息	采用黑白灰等中性色系，或浅黄色为主的暖色系 R:127 G:127 B:127 R:217 G:217 B:217 R:210 G:205 B:175 R:220 G:195 B:170	花岗岩砖、仿石砖、仿花岗岩透水砖、陶瓷透水砖等	大中规格密缝铺贴	
商业型	支路				中小规格密缝铺贴	
交通型、工业型、综合型	主干路、次干路	简洁大气	黑白灰等中性色系 R:127 G:127 B:127 R:165 G:165 B:165 R:217 G:217 B:217	陶瓷透水砖、仿石砖、彩色透水砖、透水混凝土等	中规格密缝铺贴	
交通型、工业型、综合型	支路				中小规格密缝铺贴	

街道类型	街道交通等级	风貌	色彩	材质	铺装规格	铺装意向
景观型	主干路、次干路	层次丰富的铺装色彩，景观丰富，创意活力	灰、米黄色系为主，局部可点缀以其他色系 R:127 G:127 B:127 R:217 G:217 B:217 R:180 G:160 B:140 R:220 G:195 B:170	花岗岩砖、仿石砖、仿花岗岩透水砖、陶瓷透水砖等	大中规格密缝铺贴	
	支路				中小规格密缝铺贴	
步行街	——	具有方位感、文化感、历史感和特色感	——	表面质感粗糙、质感良好的材料，如天然石材砌块及板材、仿石砖等	——	
滨水慢行道	——	清新活泼、丰富多彩	——	铺装材质自由灵动，如花岗岩砖、青石板、卵石贴面、彩色沥青混凝土、透水混凝土、小料石、防腐木等	——	

2. 铺装面层材料

常用人行道铺装面层材料表				
类型		材料特性	优缺点	缩略图
天然石材	花岗岩面砖	天然花岗岩切割而成，表面处理成一系列的饰面和纹理	• 具有良好的质感，整体景观效果好，耐久性好； • 不可再生资源，不透水，地面易积水	福鼎黑　芝麻黑　芝麻白　黄金麻 荔枝面 Bush Hammered　火烧面 Flamed Surface　麻石面 Granite Surface
透水砖	普通水泥混凝土透水砖	由普通碎石的多孔混凝土材料压制成形	• 整体外观显粗糙；使用寿命短，易褪色； • 骨料间空隙较大，易堵塞	
	陶瓷透水砖	利用陶瓷原料经筛分选料，组织合理颗粒级配，添加结合剂后，经成型、烘干、高温烧结而形成的优质透水建材	• 高强度、透水性好、抗冻融性能好、防滑性能好； • 产品使用寿命长，可循环使用，色彩丰富，景观效果好，纹理可仿大理石、花岗岩	常规陶瓷透水砖： 仿花岗岩陶瓷透水砖： 仿大理石陶瓷透水砖：
	生态砂基透水砖	常温下免烧结成型；可通过破坏水的表面张力而达到透水的效果，可以有效地处理传统透水材料中呈现的孔隙阻塞的问题	• 抗冻融、耐老化、生态、环保； • 产品寿命长，可循环使用，色彩丰富，景观效果好	
仿石类	石英仿石砖	在非恒温煅烧及压力等条件的改变下，在砖体内形成石英晶体般的致密结构，复制天然石材的丰富纹理、逼真的触觉感和视觉感	• 大面积铺贴，色泽均衡可控，风格统一； • 强度高，效果良好； • 吸水率低，耐污效果较好； • 不透水，地面易积水	

3. 推荐铺装样式

（1）生活型街道

■ **基本要求：**

生活型街道铺装宜打造温馨舒适、现代宜居的城市道路形象。

■ **色彩：**

以灰、米黄色系铺装为主，局部点缀以棕色系、红色系，自然朴素、温馨舒适、色调素雅。

■ **材质及规格：**

· **材质：**

花岗岩砖、仿石砖、陶瓷透水砖、彩色透水砖、透水混凝土等。

· **铺装规格：**

干路：铺装宜采用中型尺寸人行道砖密缝铺贴。

支路：铺装宜采用中小尺寸人行道砖密缝铺贴。

（2）商业型街道

■ **基本要求：**

商业型街道突出商业街区现代、时尚、具有时代气息的街道形象。

■ **色彩：**

色彩方案以强调自身完整性与协调性为主要原则。

· 低彩度色调的运用可以强调该区域的效率性、科技性与成熟感，推荐整体选用简约明快的高级灰色调风格，采用黑白灰等中性色系。

· 或可采用以浅黄色为主的暖色系，营造出安静、高雅的色彩格调。

■ **材质及规格：**

铺装整体强调线性，大规模石材铺装具有较强的空间导向性，给人良好的步行空间体验感。

· **材质：**

花岗岩砖、仿石砖、仿花岗岩透水砖、陶瓷透水砖等。

· **铺装规格：**

干路：铺装宜采用大中尺寸人行道砖密缝铺贴。

支路：铺装宜采用中小尺寸人行道砖密缝铺贴。

R:127 G:127 B:127	R:210 G:205 B:175
R:217 G:217 B:217	R:220 G:195 B:170
R:180 G:160 B:140	R:215 G:150 B:150

R:127 G:127 B:127	R:210 G:205 B:175
R:217 G:217 B:217	R:220 G:195 B:170

5.9.1 人行道铺装   5.9.4 装饰井盖
5.9.2 特定型街道铺装   5.9.5 退缩空间铺装过渡
5.9.3 非机动车道铺装   5.9.6 明星街道铺装

（3）交通型、工业型及综合型街道

▪ 基本要求：

人行道铺装应突出简洁大气的城市道路形象。

▪ 色彩：

采用黑白灰等中性色系，如芝麻黑、芝麻灰、芝麻白等。

▪ 材质及规格：

- 材质：

陶瓷透水砖、仿石砖、彩色透水砖、透水混凝土等（花岗岩采用烧面、机切面、局部点缀光面或哑光面等处理方式）。

- 铺装规格：

干路：铺装宜采用中型尺寸人行道砖密缝铺贴。

支路：铺装宜采用中小尺寸人行道砖密缝铺贴。

（4）景观型街道

▪ 基本要求：

景观型街道通过打造层次丰富的铺装色彩，创造出景观丰富，创意活力的街道形象，突出与街道主题相对应的特色及文化内涵。

▪ 色彩：

以灰、米黄色系铺装为主，局部点缀以其他色系铺装，色彩鲜艳明快、富有趣味。可采用独特的铺装色彩、材质和形式，突出街道主题特色。

▪ 材质及规格：

- 材质：

花岗岩砖、仿石砖、仿花岗岩透水砖、陶瓷透水砖等。

- 铺装规格：

干路：铺装宜采用大中尺寸人行道砖密缝铺贴。

支路：铺装宜采用中小尺寸人行道砖密缝铺贴。

R:127 G:127 B:127   R:217 G:217 B:217

R:165 G:165 B:165

R:127 G:127 B:127   R:180 G:160 B:140

R:217 G:217 B:217   R:220 G:195 B:170

5.9.2 特定型街道铺装　　1. 步行街　2. 滨水慢行道　3. 无障碍铺装设计

1. 步行街

管控目标:

■ 步行街的铺装应做到安全、舒适、亲切,具有方位感、方向感、文化感、历史感和特色感,使其更具个性及魅力。

■ 步行街通常人流密度较大,地面铺装需具有较好的平整度及一定的粗糙度,给步行者安全舒适的行走体验,宜采用表面质感粗糙、质感良好的材料,如天然石材砌块及板材、仿石砖等。

■ 步行街的空间大体可划分为流动空间、集散空间和停留空间,采用不同类型铺装是分隔空间最简单、最有效的方法,可以带给人方位感与方向感。

上海圆明园路

哈尔滨中央大街步行街

广州沙面步行街

上海南京东路步行街:

　　路中线以北布置一条 4.2m 宽的"金带",凡在"金带"以外的两边范围属于流动性区域,尽可能进行中性化处理,简洁明了的形成开敞流动的空间。而"金带"则设计为静态休息区域。

■ 步行街的铺装应充分体现个性化原则，营造其独有的魅力。与街道整体环境氛围相协调的特色铺装材质和色彩，可强化街道的个性形象。

成都远洋太古里步行街　　　　　　　　　　　　　法兰克福蔡司大街

■ 步行街的铺装应具有可观赏性和可读性，适应人们的审美要求，强化空间环境的文化内涵，使人们在观景的过程中，与文化进行交流，与历史进行对话，感受到文化的熏陶。

北京路步行街千年古道历史遗址：
　　采用优质钢化玻璃作上盖，对地下文物古迹进行科学保护和展示，令游客走在步行街的路面上也能一睹千年古道的风采。

成都宽窄巷子步行街：
　　通过节点上设置较强历史感铺装，吸引游客驻足，并对游客起一定引导作用。通过铺装材料的变化划分街道空间及商业空间，增加铺装的肌理效果，也起到空间分隔的作用。

2. 滨水慢行道

管控目标：

- 以人性化的铺装设计，突出"生态优先、因地制宜、景观特色、经济适用"的原则。

- 滨水景观铺装应自由灵动，体现流动性和连续性。铺装材质可采用花岗岩砖、青石板、卵石贴面、彩色沥青混凝土、透水混凝土、小料石、防腐木等。

- 滨水慢行道铺装与滨水绿地结合，进行一体化设计，形成复合滨水空间。

3. 无障碍铺装设计

- 无障碍坡道宜采用与人行道相同风格及色系的铺装，保持街道风貌协调。
- 交叉口无障碍坡道鼓励采用单面坡形式，通道下沉至与路面结构平齐，过渡平顺自然。
- 盲道与铺装形成鲜明的色彩对比，起到提示作用。

交叉口单面坡无障碍通道

路缘石与路面标高平齐处理

无障碍坡道

盲道与铺装的色彩对比

5.9.3　非机动车道铺装　　　1. 颜色　　2. 材质及样式　　3. 非机动车道标识、标线

管控目标：

■ 非机动车道铺装的材料组合不宜过于复杂。颜色以低饱和度的素色系为主，以减少后期维护并保持路面风貌协调。

1. 颜色

■ 以混凝土及沥青混凝土的原始色系为主。

■ 鼓励景观要求高的路段尝试具有识别性的彩色铺装，但应注意与周围环境相协调。

■ 过于多彩的铺装可能影响街景的协调性，导致空间混乱，应谨慎使用。

50%	50%	50%	50%
中交蓝 R0, G72, B152	宽博蓝 R0, G160, B217	低碳绿 R7, G165, B166	金辉黄 R250, G191, B20
R0, G48, B101	R10, G49, B144	R4, G84, B85	R240, G131, B31

2. 材质及样式

非机动车道铺装宜选用透水混凝土或沥青混凝土铺装，成品尺寸灵活，使用寿命长。

（1）沥青混凝土

■ **优点：** 表面均匀，施工快捷简便，可创造出不同图案，易于修补。

■ **缺点：** 容易褪色，修补后会产生补丁。

■ **应用：**

• 原始色系沥青可广泛应用于城市非机动车道铺装。

• 彩色沥青用于强调非机动车道的空间。

• 机、非共板时可与机动车道一同铺设。

（2）彩色水泥混凝土

■ **优点：** 寿命长，成本低，颜色丰富。

■ **缺点：** 易开裂、边缘易破碎。

■ **应用：** 适用于大部分城市非机动车道。

3. 非机动车道标识、标线

地面增加标识，提示机动车礼让非机动车

路口扩大非机动车停车区

非机动车道采用彩色标识、标线或涂装等方式，增加非机动车道的识别度，对非机动车流进行引导

通过高差或分隔设施避免非机动车遇行人相互干扰

5.9.4　装饰井盖　　　　1. 装饰井盖类别　2. 外观控制　3. 艺术井盖

管控目标：

- 位于路面的井盖会打乱铺装材料的视觉连贯性，因此，保持井盖与人行道铺装的一致，使得井盖"隐身"于人行道内，或将井盖变成城市道路中的"艺术品"成为打造高品质街道空间的必然选择。

1.　装饰井盖类别

- 为实现街道铺装美观，原则上布置在人行道区域的井盖应统一采用填充式井盖，材料主要为不锈钢＋面层，塑造城市建设精工细作的品质。

不锈钢边框隐形井盖

无边框隐形井盖

- 若无条件设置填充式井盖宜采用铸铁井盖，主材采用球墨铸铁或玻璃纤维复合材料。

铸铁艺术井盖

■ 绿地井盖上布置成品植栽，栽植草花，美化环境。

绿地井盖美化

2．外观控制

■ 井盖与周围地面齐平；宜采用与周边场地相同的材质；方形井与人行道平行设置，避免斜角。

3．艺术井盖

艺术井盖是建筑物拟人化的产物，它可以塑造和传承城市文化血脉，是城市视觉识别系统的一部分，凝聚市民文化自豪感，加深公众对此感知的传达，从而借助井盖的风情图案提高城市独特的人文品味。

■ 鼓励通过周边环境对井盖进行艺术化处理，可以体现各类题材和文化内容，以提高城市独特的人文品味。

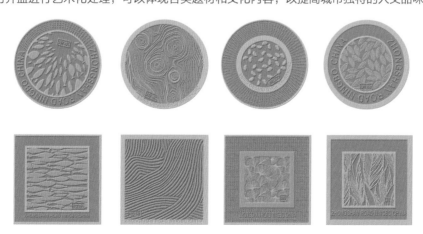

融入地域自然元素的艺术井盖系列，提倡人们爱护环境

5.9.5 退缩空间铺装过渡

1. 与商业广场的过渡　　3. 车行出入口人行道交界处
2. 与公园、绿地的过渡

管控目标:

■ 沿街建筑底层为商业、办公、公共服务等公共功能时,鼓励开放退界空间,与人行道进行一体化设计。保持人行道路面和铺装水平连续,人行道与建筑前区内慢行空间应统筹高程。

1. 与商业广场的过渡

采用风格相同的铺装,统筹打造户外商业,释放人行空间,体现"街道设计一体化"的理念。

2. 与公园、绿地的过渡

虚化红线、绿线,慢行系统与退缩绿地的分界,整体化打造可进入、可参与的开放式绿地与慢行景观空间。

3. 车行出入口人行道交界处

对于主要服务于行人的出入口,交叉口将慢行道的材质和颜色延伸至行车道范围,延续同类铺装材质,与慢行道进行一体化设计,保证无高差通过。

5.9.6　明星街道铺装 　　　**1. 人行道铺装　2. 非机动车道铺装**

管控目标：

- 明星街道的人行道宜选取高建设标准的铺装材料，铺装样式与文化元素相结合，颜色不宜过于复杂；非机动车道颜色与街道整体风格需协调。

1. 人行道铺装

■ 材质

　　明星街道铺装选用的材料要求质感良好、持久耐用，高质量材料的使用保证了街道风貌的经典持久。

　　推荐在明星街道中应用天然石材、仿花岗岩透水砖、仿石砖或彩色陶瓷透水砖等高质量铺装材料。

■ 颜色及图案

　　人行道铺装主色不宜超过三种，铺装色彩及风格与街道类型及定位相呼应。

2. 非机动车道铺装

- 铺装颜色与街道整体风格相协调；
- 宜采用统一的主题色及彩色标识标线涂装突出品牌。

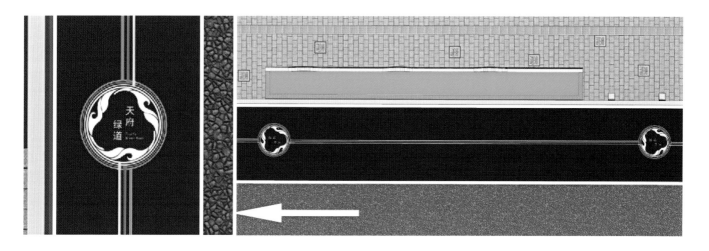

5.10　模块八：城市家具及公共艺术

5.10.1　主题雕塑

5.10.2　艺术小品

5.10.3　标识牌

5.10.4　自行车停放点/租赁点

5.10.5　人行护栏、护柱

5.10.6　止车石、路缘石

5.10.7　公共座椅

5.10 模块八：
城市家具及公共艺术

总体指引：

　　城市家具及公共艺术需要以人为本，改善环境设施功能效应，提升城市景观风貌，激活城市活力。其设计与选材外形需美观大方，与周边环境相协调，还应具有坚固、实用、耐用等特点，需考虑户外自然条件及可能被破坏等情况。

 活动舒适　　 人文关怀　　明星街道

品牌特色　　 文化魅力

要素引导表					
序号	道路功能	道路等级	街道类型	主题雕塑	标识牌
1	生活型	主干路	**Bh** 生活大道	"感"：注重雕塑带给行人的感受，让人们舒适，轻松地与雕塑交流	信息类型：以生活信息为主导的指示系统；风格建议：自然朴素，温馨和谐；材质：铝板、不锈钢板、石材等
2		次干路	**Ch** 生活次路		
3		支路	**Dh** 普通街道		
4	商业型	主干路	**Bs** 商业大街	"玩"：强调雕塑的互动性，让人们在参与玩耍的过程中体会当地文化	信息类型：以商业配套信息为主导的指示系统；风格建议：形式活泼，富有设计感；材质：铝板、不锈钢板、钢化玻璃等
5		次干路	**Cs** 商业干道		
6		支路	**Ds** 商业街巷		
7	交通型	快速路	**At** 快速路	"看"：注重雕塑的醒目程度，以色彩或造型吸引人们的目光，让人们在快速的城市生活中感受文化	信息类型：以交通信息为主导的指示系统；风格建议：简洁明快，沉稳规整；材质：钢板等
8		主干路	**Bt** 交通主干		
9		次干路	**Ct** 交通次干		
10	景观型	主干路	**Bj** 景观大道	"品"：强调雕塑的意义，让人们在深刻体会其寓意的过程中感受到文化的思想冲击	信息类型：以休闲娱乐信息为主导的指示系统；风格建议：自然朴素，材料本色；材质：清水混凝土、花岗岩、耐候钢板等
11		次干路	**Cj** 景观干道		
12		支路	**Dj** 休闲街道		
13	工业型	主干路	**Bg** 工业大道	"观"：注重雕塑的醒目程度及工业发展历史性，让人们感受工业发展的历史车轮	信息类型：以服务信息为主导的指示系统；风格建议：现代简约，沉稳规整；材质：钢板、铝板、花岗岩等
14		次干路	**Cg** 工业干道		
15		支路	**Dg** 园区支路		
16	综合型	主干路	**Bz** 综合大道	"用"：强调雕塑的功能性，让人们在使用过程中感受当地的历史人文	信息类型：以生活、商业、游乐的服务信息为主导的指示系统；材质：铝板、不锈钢板、钢化玻璃、石材等
17		次干路	**Cz** 综合次路		
18		支路	**Dz** 综合街道		

5.10.1 主题雕塑

1. 设计原则   2. 位置布局   3. 造型原则   4. 体验方式

管控目标：

- 主题雕塑应与街道公共空间融合与互动，转变城市雕塑孤立于公共空间的局面，提升街道的可识别性和日常生活的趣味性，促进城市文化软实力的提升。

1. 设计原则

■ 特色性

雕塑主题应深入挖掘城市的自然人文特质，通过文化元素的融入，体现特色性。

■ 公共性

主题雕塑应结合主要城市道路周边公共空间，提升空间功能，优化空间环境，增加与公众的互动体验。

■ 创新性

- 鼓励优秀的创新性和实验性作品。
- 应以文化艺术、现代生活、未来科技为主题，应用新技术、新材料和互动体验等多种形式表现。

2. 位置布局

- 在满足功能性和安全性要求的前提下，主题雕塑在道路空间的点位设置应符合场地的规划设计条件，不得违背场地在历史保护、生态保护、安全防灾等方面的强制性规划设计要求。
- 其空间布局应与周边建筑及环境相协调，可贴近城市广场、滨水空间等公共休闲空间，呈点状、线状或带状整体布局。
- 位置设置不能影响步行的通行空间及阻碍行人的活动。

3. 造型原则

主题雕塑的造型、风格、色彩应与周边环境相协调，融入文化元素，并与市民日常活动产生积极互动，激发城市活力。

4. 体验方式

结合城市街道类型，提供 6 类体验方式，使文化精神渗透城市生活。

生活型街道	商业型街道	交通型街道	景观型街道	工业型街道	综合型街道
感	**玩**	**看**	**品**	**观**	**用**
注重雕塑带给行人的感受，让人们舒适、轻松地与雕塑交流。	强调雕塑的互动性，让人们在参与玩耍的过程中体会当地文化。	注重雕塑的醒目程度，以色彩或造型吸引人们的目光，让人们在快速的城市生活中感受文化。	强调雕塑的意义，让人们在深刻体会其寓意的过程中感受到文化的思想冲击。	注重雕塑的醒目程度及工业发展历史性，让人们感受工业发展的历史车轮。	强调雕塑的功能性，让人们在使用过程中感受当地的历史人文。

5.10.2 艺术小品　　　　　1. 设计原则　2. 位置布局　3. 造型原则

管控目标

- 在街道中使用艺术小品有助于提高特定区域的可识别性和人们日常生活的趣味性，并对所属区域环境品质和空间特色产生积极影响，激发场地的活力。

1. 设计原则

- 可艺术化处理、多样化设计，提升街道环境品质和增强空间环境吸引力。

- 应遵循景观设计的基本准则，包括功能满足、个性特色、生态节能、文化情感。

- 不应构成健康和安全风险，不能限制视线或影响通行。

2. 位置布局

　　确保艺术小品的放置符合景观的一般位置原则，任何位置的选择都不能影响步行通行空间或阻碍行人活动。

- 需要可识别的特定区域，比如道路交叉口。

- 人们聚集的公共区域，比如交通枢纽或公共广场。

- 视线通透且高度可见的交通走廊和路径，比如环形交叉口。

- 需要引导性的道路，比如道路沿线的景观小品点缀。

道路交叉口文字 logo 小品

公共广场艺术小品

环形交叉口艺术小品

道路沿线景观小品

3. 造型原则

艺术小品应规范设置，其造型、风格、色彩应与周边环境相协调；提高特定空间的可识别性和人们的日常互动体验。

■ 可与高科技结合，应用新技术、新材料和互动体验等多种表现形式，如多媒体技术、VR 技术。展示突破创新、拥抱科技的城市人文精神。

■ 可将装饰性与功能性相结合，如与遮阳、座椅、通行、灯光照明等功能结合。

运用新材料新技术结合互动体验的艺术小品

装饰性与功能性相结合的艺术小品

5.10.3　标识牌

1. 设计原则　　3. 分区风格及材质建议
2. 位置布局　　4. 标识类型

标识牌指示主要对方向、区域地图、所在位置等进行导向，要求有地图、周边广场及建筑、景点、服务设施等内容。

管控目标：

- 标识牌的设计需满足相关规范，根据周边环境，结合道路结构、交通状况、周边绿化设施等设置在行人、车辆最易见到的位置。标识的内容需简洁准确，外观精美，富有文化内涵。

1. 设计原则

- 体现当地城市文化风貌。

- 与周边环境相协调。

- 车行、人行的易识别性。

- 系统的统一性与连续性。

2. 位置布局

- 标识牌主要设置于交叉口、交通接驳点或转弯处。

- 应设置在设施带内，不占用行人通行空间。

- 一般道路人行道上信息牌同侧设置时间隔应不小于 1000m; 在临近火车站、商业集中区、长途汽车站、医院、学校等流动人口聚集区内的道路人行道上，设置间距可根据需要适当加密。

- 距人行天桥、人行地道出入口、轨道交通站点出入口、公交车站等人流疏散方向 20m 范围内的人行道不得设置路名牌。

3. 分区风格及材质建议

街道类型	主导信息类型	风格及材质建议	图片示例
生活型	以生活信息为主导的指示系统	风格：自然朴素、温馨和谐； 材质：铝板、不锈钢板、石材等	
商业型	以商业配套信息为主导的指示系统	风格：形式活泼、富有设计感； 材质：铝板、不锈钢板、钢化玻璃等	
交通型	以交通信息为主导的指示系统	风格：简洁明快、沉稳规整； 材质：钢板等	
景观型	以休闲娱乐信息为主导的指示系统	风格：自然朴素、材料本色； 材质：清水混凝土、花岗岩、耐候钢板等	
工业型	以服务信息为主导的指示系统	风格：现代简约、沉稳规整； 材质：钢板、铝板、花岗岩等	

4. 标识类型

提供四类标识牌选型对应不同导视级别。

（1）A 级标识

- **信息内容：** 导览地图，功能方向指引；
- **布置原则：** 设置于街道重要节点，如城市广场、公园以及地铁出入口的显眼位置；
- **材料：** 钢板、铝板等。

（2）B 级标识

- **信息内容：** 重要具体信息，功能方向指引；
- **布置原则：** 设置于街道重要节点以及道路交叉口；
- **材料：** 钢板、铝板等。

- A 级标识案例示范：

- B 级标识案例示范：

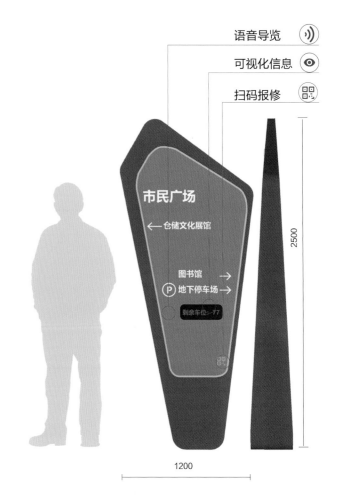

（3）C 级标识

- **信息内容：**提示标识、解说标识；
- **布置原则：**设置于需要安全提示处，维护提示以及设施解说处，如水景、种植池以及文化古迹周边；
- **材料：**钢板或者清水混凝土等。

（4）D 级标识

- **信息内容：**地面指引标识；
- **布置原则：**根据街道设计对城市信息服务系统进行补充；
- **材料：**沥青、道路喷漆等。

■ C 级标识案例示范：

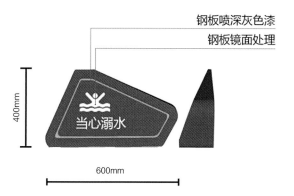

■ D 级标识案例示范：

石材铺装上的地面指引示意

沥青铺装上的地面指引示意

5.10.4 自行车停放点/租赁点　　　1. 布局原则　　2. 平面布置形式　　3. 停车设施

管控目标:

- 自行车停放点 / 租赁点考虑停车需求、出行距离、换乘条件等因素，结合道路、广场和公共建筑合理布局，既满足存取的方便、安全，又不得影响行人和车辆的正常通行。通过品质的提升，构筑安全、便捷、舒适、充满活力和吸引力的自行车停放 / 租赁空间。

1. 布局原则

- 自行车停放区应选址在便捷醒目的地点，并与人行系统连接，尽可能接近自行车道。

- 公共交通车站、轨道交通车站、公交枢纽，根据换乘需求就近设置足够、方便的非机动车停车设施（建议不大于 70m），为自行车驻车换乘提供良好换乘条件。

- 自行车停放区外廓不应超出机、非隔离带，行道树设施带和绿化设施带的边界范围。

2. 平面布置形式

机、非隔离带，行道树设施带，绿化设施带宽度 ≥2m 时，可设置垂直排列的自行车停放区。

宽度＜2.0m 时，可灵活设置斜向（30°、45°、60°）排列的自行车停放区。

3. 停车设施

　　包括车棚、存取支架、地面标志等。

- 应造型美观、简单实用、易于存取、安全可靠、低碳环保、易于维护、一车一位、整齐有序。

- 应具备稳固车辆的功能，保证停放车辆遇风不倒伏。

特色、简约的自行车棚

侧停式自行车架

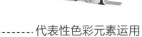

代表性色彩元素运用

嵌入式自行车架

5.10.5 人行护栏、护柱

1. 人行护栏　2. 护柱

管控目标：

- 在满足国家规范、行业标准的前提下，鼓励根据道路功能需求，科学设置人行护栏、护柱。任何护栏、护柱的加设都应当以确保安全为前提，进行道路安全评估以及设置论证。

1. 人行护栏

防止行人跌落或使行人与车辆隔离而设置的保障行人安全的设施。

（1）设置原则

- 人行护栏应根据道路功能需要、车流情况、人流速度和交通管理需要来设置，充分考虑对交通安全的影响，色调应与周边环境及警示标志相协调，并符合相关规范标准。
- 慢行空间的人行护栏需要体现精细化、复合性、简洁大方的设计。

（2）设置类型

- 完全隔离人行护栏、不完全隔离人行护栏。

（3）设置高度

遵循人体工程学原理（此高度不作为绝对标准，在确保安全性的基础上，可视情况调整）。

- **完全隔离人行护栏：** 能有效阻止行人翻越的护栏设施，建议设置高度不低于 1.05m；
- **不完全隔离人行护栏：** 能阻止行人跨越的护栏设施，建议设置高度不低于 0.7m。

（4）设置要求

- 人行护栏的结构形式应坚固耐用，便于安装，易于维修，经济环保。
- 同一路段应统一设置样式，并与周围环境相协调。
- 栏杆构图单元可注重整体美观性，在长距离内连续重复，产生韵律美感。建议融入文化元素进行特色化设计。

与绿化相结合的人行护栏

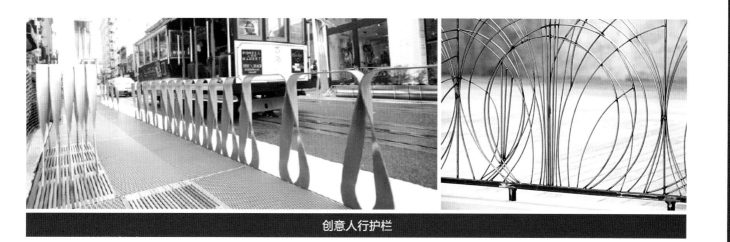

创意人行护栏

广州人行护栏应用案例

杭州人行护栏应用案例

融合当地文化元素的人行护栏

（5）融入文化特色的人行护栏案例示范

人行护栏文化元素演变示例

2. 护柱

（1）设置原则

护柱应满足防撞的要求，在品质化的要求下，护柱应与周边环境相协调，并成为环境中的景观小品。护柱外缘不应越出设施带范围，并注意留出 0.25m 的车辆通行安全侧向余宽。

（2）设置高度

护柱高度不应低于 0.4m，间距应控制在 0.8～1.5m。

（3）设置要求

- 护柱应坚固耐用，便于安装，易于维修，经济环保。
- 同一路段应统一设置样式，并与周围环境相协调。

可伸缩护柱

艺术化造型的护柱

绿色护柱

5.10.6　止车石、路缘石

1. 止车石　2. 路缘石

管控目标：

- 通过对止车石的设置管控，阻止机动车、小摊贩等无路权者非法占用非机动车道和人行道，维护各行其道的路权原则，规范道路通行秩序，并且简洁美观，与周边环境协调统一。
- 通过对路缘石的设置管控，有效地分离人群与车辆，诱导视线。

1. 止车石

（1）设置原则

　　止车石应满足交通管理要求，不应妨碍行人通行安全，且不应妨碍无障碍通行，要求坚固美观，与周边环境协调，做到设置规范、整齐，降低对道路景观的不良影响。对街道风貌要求高的街道可考虑艺术造型止车石，融入文化元素。

（2）融入文化特色的止车石案例示范

示范一

示范二

2. 路缘石

设置原则

　　路缘石应使用统一的材料和配色，为所有的街道提供一个整洁延续的视觉效果；在转弯处等曲线段，使用弧形路缘石或现场浇筑，创造出平滑的过渡区；共享街道以平石替代侧石，创造一体化的路面。

- **中分带路缘石设计**

　　中分带路缘石鼓励间隔一定距离进行形式上的变化，可每间隔一定距离设置文化石装饰。装饰图案应融入文化特色元素。

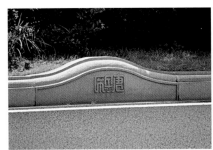

融入当地文化特色的路缘石

融入新城文化符号的路缘石

- **中分带及侧分带端头、交通岛转角处路缘石设计**

　　中分带、侧分带端头及交通岛转角处路缘石建议采用较为美观的圆弧形路缘石，避免采用直线型路缘石拼接；端头路缘石拼接需注意细节，尤其是弧线路缘石与其他路缘石相交处。

材料选择			
路缘石材料类型	优点	不足	应用
花岗岩	▪ 具有良好的质感，耐用、使用寿命长，可重复使用且磨损掉色极浅； ▪ 热膨胀系数小，不易变形； ▪ 化学性质稳定，不易风化，能耐酸、碱及腐蚀气体的侵蚀，与其他人行道铺装材料结合良好	▪ 材料成本高，获取较为不便，与混凝土相比，安装费时，现场切割易产生较大偏差	▪ 需要强调人行道界面或步行流量较大的区域，车速限制在中低等（≤60km/h）的道路； ▪ 城市重点地区内、历史街区内、大型公众活动场地周边道路需要高品质饰面，尤其用于以其他天然石材或沥青铺装的人行道
混凝土	▪ 成本低，方便获取，易于施工； ▪ 弧形可预制也可现场浇筑； ▪ 成品尺寸灵活，颜色丰富	▪ 整体外观实用但无法满足历史街区等特殊区域的外观需求； ▪ 若用于路基基础较差的地方容易破裂，需要适度的维护管理	▪ 需要强调人行道界面或步行流量较大的区域； ▪ 现场路缘石与路面一体化浇筑的道路； ▪ 曲线段较多的道路，可现场浇筑，也可使用预制件

花岗岩路缘石

混凝土路缘石

5.10.7　公共座椅　　　1. 设计原则　2. 位置布局　3. 造型原则

管控目标:

- 公共座椅作为社会整体文化和环境氛围的映射,应具有公共性与交流性等特点。公共座椅与街道其他设施应符合整体景观要求,兼顾功能性、舒适性与环境适应性,根据人的不同需求进行设计,满足人基本的视觉、听觉、触觉和感知等多方面的要求。

1. 设计原则

- 从社会学、人体工程学、心理学、艺术学等多个角度出发,满足多种需求,体现地域文化。

- 满足使用者心理需求与情感需求,符合人体工程学原理。

- 设计及选材应坚固耐用,并与周边环境相融合。

- 文化性与艺术性相融合,反应个性空间,提高或反映地区特点,增加空间活力。

与花池相结合的公共座椅

2. 位置布局

- 结合使用者行为规律和人流量设置,一般公共座椅最大间距以 50m 为宜。

- 结合设施带或靠近道路红线一侧设置;建议朝向人行道内侧的座椅从路缘开始后移 1m 以上为宜;朝向车行道一侧的座椅从路缘开始后移 2m 以上为宜。

- 生活型、商业型、景观型、综合型道路、步行街及沿线广场、绿地等均可设置公共座椅。

艺术性、环境性相融合的公共座椅

3. 造型原则

- 倡导多样性与人性化等特点,宜进行一体化设计。

- 与户外场所进行景观互融性设计,结合其他城市家具扩展座椅的设置形态与功能。

- 可确定一种主要形式保持整体形式的统一,根据所在区域特点穿插特色座椅。

结合其他城市家具扩展设计的公共座椅

与树池结合设置的公共座椅   与铺装融合、衍生出的公共座椅

作为街道公共艺术品出现的公共座椅   附带灯光、背景音乐及其他装置而实现互动效果的公共座椅

融入当地文化元素   代表性色彩元素运用

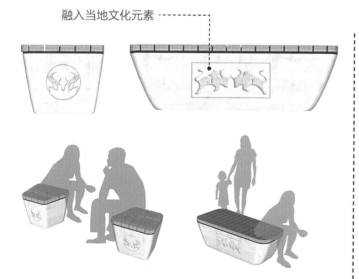 

融入文化元素的座椅示例

5.11 模块九：智慧设施带

5.11 模块九：智慧设施带

总体指引：

引入智慧市政先进理念，预留地上地下空间；构建地下管线、市政设施杆件一体化设计，体现设施整合、资源集约理念；市政设施和各类城市家具进行系统设计，色彩、风格、造型与街道环境整体协调。

 资源集约   设施整合

 明星街道   品牌特色

多杆合一导向表

		照明	交通信号灯	交通标志牌	交通检测设备	治安监控设备	公共服务设施指示牌	公共广播	LED屏	移动通信设备	其他小型智能设备			充电桩
											环境监测	气象监测	…	
快速路	路段	●	—	●	●	●	—	—	—	●		○		—
	路口	●	○	●	●	●	○	○	—	●		○		—
主干路	路段	●	○	●	●	●	○	○	○	●		○		—
	路口	●	●	●	●	●	○	○	○	●		○		—
次干路	路段	●	○	●	○	○	○	○	○	●		○		—
	路口	●	●	●	●	○	○	○	○	●		○		—
支路	路段	●	—	○	○	○	○	○	○	●		○		—
	路口	●	○	●	○	○	○	○	○	●		○		—
公园、广场		●	—	○	—	●	○	○	○	●		○		—
商业步行街		●	—	○	—	●	○	○	○	●		○		—
绿道		●	—	○	—	○	○	○	○	○		○		—
停车位		○	—	○	○	○	○	○	○	○		○		○

● 宜配置　○ 可选配置　— 不宜配置

多箱合一导向汇总表

属性	编号	大类	子类	管理部门	箱体规格	整合要求
弱电箱	1	通信箱	移动、联通 电信、铁通	各运营商	中型	可归并（多箱合一）（多箱集中）
	2	广电箱	有线数字电视	有线电视公司	中型 小型	可归并（多箱合一）（多箱集中）
	3	交通箱	交通信号设备箱 交通监控设备箱 交通流量采集设备箱	市交警支队	中型 小型	可归并（多箱集中）
强电箱	4	箱式变压器（设备）	箱式变压器	电力局	大型	不宜归并
	5	路灯箱	路灯控制箱	照明管理中心	中型	可归并（多箱集中）
其他箱	6	燃气箱	燃气箱	燃气公司	中型	不宜归并

5.11.1 多杆合一

1. 设计要点
2. 综合杆横向空间布置
3. 综合杆竖向空间布置
4. 路口段合杆展示

管控目标：

- 以道路灯杆和综合灯杆件为载体，搭载照明、交通、监控、通信等多类设施，取消不必要的杆牌，节约街道空间，使各类街道设施与街道环境、城市风格整体协调。

1. 设计要点

- 合杆必须满足点位控制、整体布局、功能齐全、景观协调。
- 合杆应按照先路口布设区域、后路段布设区域的顺序整体设计。

2. 综合杆横向空间布置

- 综合杆横杆部分应根据功能进行分区，可搭载交通检测、治安监控及其他智能设施。

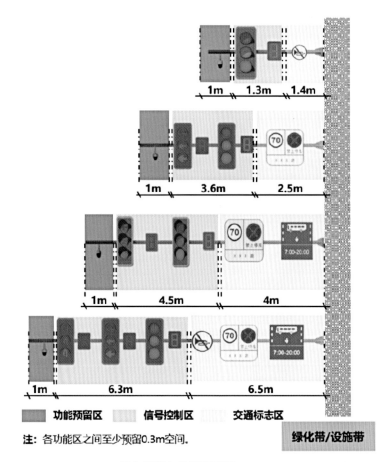

| 功能预留区 | 信号控制区 | 交通标志区 |

注：各功能区之间至少预留0.3m空间。

绿化带/设施带

综合杆横向分层示意图

3. 综合杆竖向空间布置

- 杆体竖向空间宜采用以下 4 个层次进行分层设计：

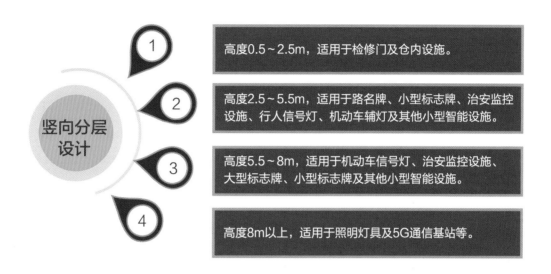

竖向分层设计

1 高度0.5~2.5m，适用于检修门及仓内设施。

2 高度2.5~5.5m，适用于路名牌、小型标志牌、治安监控设施、行人信号灯、机动车辅灯及其他小型智能设施。

3 高度5.5~8m，适用于机动车信号灯、治安监控设施、大型标志牌、小型标志牌及其他小型智能设施。

4 高度8m以上，适用于照明灯具及5G通信基站等。

- 整合特点：杆件模块化、方便拆卸及拼装；分层设计，满足功能拓展需求。

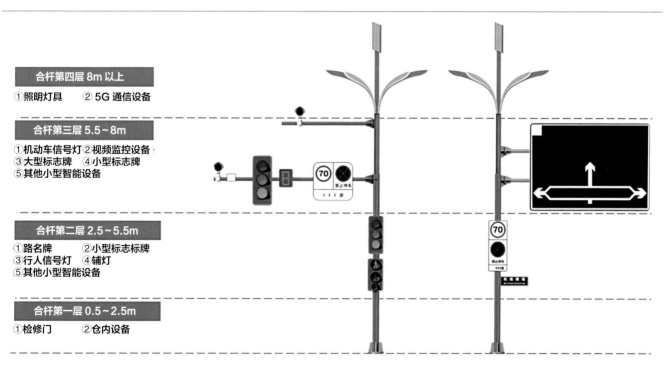

合杆第四层 8m 以上
①照明灯具　②5G 通信设备

合杆第三层 5.5~8m
①机动车信号灯②视频监控设备
③大型标志牌　④小型标志牌
⑤其他小型智能设备

合杆第二层 2.5~5.5m
①路名牌　　②小型标志标牌
③行人信号灯　④辅灯
⑤其他小型智能设备

合杆第一层 0.5~2.5m
①检修门　　②仓内设备

合杆竖向分层示意图

4. 路口段合杆展示

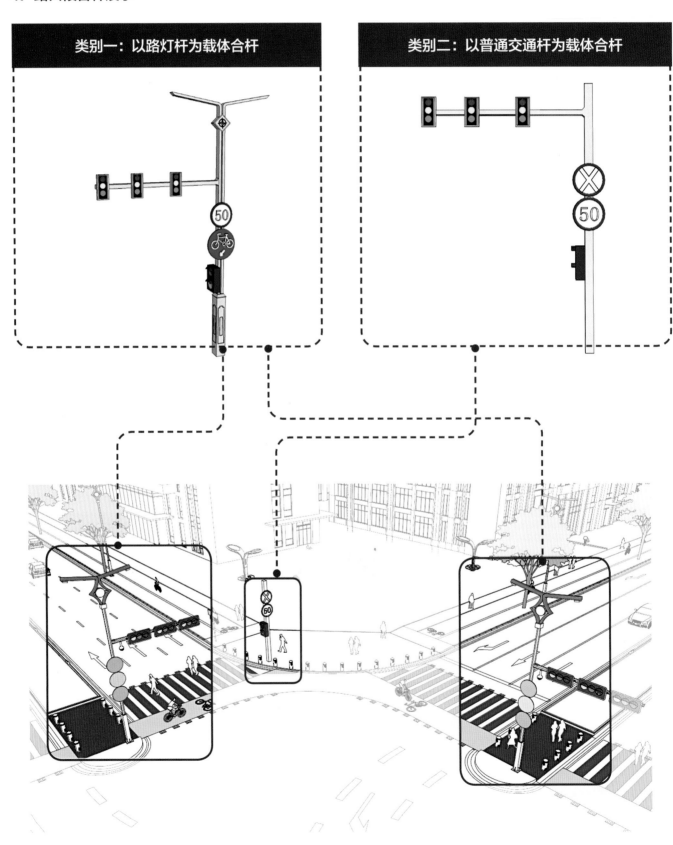

类别一：以路灯杆为载体合杆

类别二：以普通交通杆为载体合杆

5.11.2 多箱合一

1. 设计要点 2. 空间定位 3. 箱体形式

管控目标：

■ 对现状街区空间内的各类通信、交通、市政箱体进行梳理和有序整合，按照"多箱合一，分仓使用"的要求进行整合，确保设置安全合理、功能齐全、箱体美观、便于维护管理。

1. 设计要点

体积"做减法"	选址合理	预留空间	搭配协调
采用新材料、新工艺和新技术，减小箱体体积，提高设施的安全性及安装、维护和管理的便捷性。	不得影响路口安全视距及阻碍行人通行。 合理布设位置： · 公共绿地 · 围墙边 · 绿化带内部 · 人行道边 · 无条件时就地美化	箱体的整合设计考虑业务的长远发展需求预留相应空间，通信箱、广电箱、交通箱和路灯箱宜集中设置在线缆汇聚的中心位置。	可采用木格栅、金属格栅、立体绿化、整体涂装进行美化处理；箱体规格、颜色、材料等与周边环境相协调。

2. 空间定位

■ 综合机箱宜布设于规划绿带内，方便检修；无绿化带时，宜布设于分隔带或综合设施带内；条件适宜时，可布设于市政设施点位。

■ 综合机箱不应布设于人行过街横道、车辆出入口及行人出入口处。

■ 综合机箱的布置间距宜为 1km，在相邻综合机箱间可根据实际需求设置交安信号机独立箱体。

■ 综合机箱在路口范围布设时，不应遮挡转弯车辆视线。

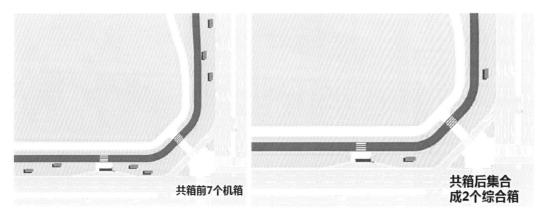

综合机箱设置减少箱体点位

3. 箱体形式

■ 箱体整体涂装宜根据地域特征进行美化处理，在箱体规格、颜色、材料等风貌要素上建立协调标准。

■ 采用新材料、新工艺和新技术，减小箱体体积，提高设施的安全性及安装、维护和管理的便捷性。

■ 在一般路段，综合机箱可根据景观风貌进行美化，美化后不应影响机箱的正常使用和日常维护，美化方式以加装装饰构件和植物遮挡为主，在一些特殊路段，可使用艺术彩绘、艺术表皮的方式。

■ 根据地域特征美化箱体涂装的案例

■ 结合景观风貌的"多箱合一"案例

5.11.3 线路规划

1. 市政管线线路规划导向　　3. 管线综合推荐横断面
2. 管线布设

管控目标：

- 市政管线布置遵循"功能化、集约化、美化"原则，采用直埋、微型管廊、缆线管廊等方式，统一设置、统一编排，实现城市街道地下空间资源集约化利用。

  对地面上的市政交通设施、照明设施、通信绿化等设施配套线缆进行协调，保证管线设施的正常运行、维护。

1. 市政管线线路规划导向

管线空间布局	新旧管线衔接	管线定位	条件限制
符合城市空间规划、各专业管线专项规划，管线规模应近远期结合考虑。	街道新建或改扩建时，充分利用现状市政管线统筹考虑，新建管线与现状管线相互衔接。	微型管廊、直埋、排管敷设宜设置在绿化带、人行道或非机动车道下，若此部分空间饱和则可适当考虑利用建筑退界空间，以避免管线碰撞。	新建管线不宜布置在车行道下，若因空间受限，则车行道下市政管线的检查井井盖应避开车辆的轮迹线。

2. 管线布设

管线布置应符合城市空间规划、各专业管线专项规划，管线规模应近远期结合考虑。

- 工程管线应根据道路的规划横断面优先布置在人行道或非机动车道下；电力、通信管线可采用综合排管、微型管廊、缆线管廊等形式布设节约空间；条件允许时，可综合考虑道路红线外绿化退缩带或建筑退界空间布设管线。

- 若空间条件限制，管线需布置在机动车道下时，管线应布置在车道中间，避免车辙频繁碾压，同时应采用具有防沉降功能的井盖。

- 管线布设于人行道或绿化带时，应考虑管线与植物平面与竖向的关系，保证植物的种植空间；位于人行道的检查井井盖应考虑美观性，宜采用装饰井盖，尽量使井盖与铺装协调一致。

- 工程管线从道路红线向道路中心线平行布置的次序宜为：电力、通信、给水（配水）、燃气（配气）、热力、燃气（输气）、给水（输水）、再生水、污水、雨水。

3. 管线综合推荐横断面

- 电力管线与通信管线单独布设。

- 适用于绿化退缩带 / 建筑退界可利用
  情况。

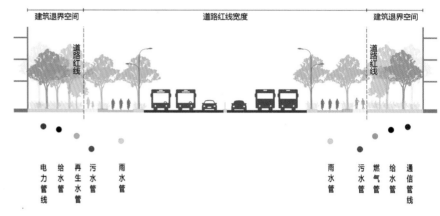

管线综合横断面布设示意图 1

- 电力管线与通信管线共建组合排管或
  线缆管廊。

- 适用于绿化退缩带 / 建筑退界可利用
  情况。

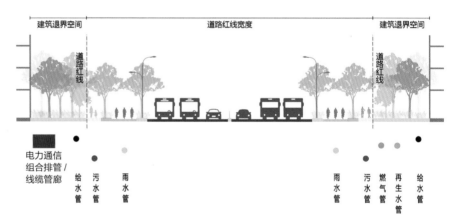

管线综合横断面布设示意图 2

- 管线需严格布设在道路红线范围内的
  情况。

- 适用于绿化退缩带 / 建筑退界不可利
  用的情况。

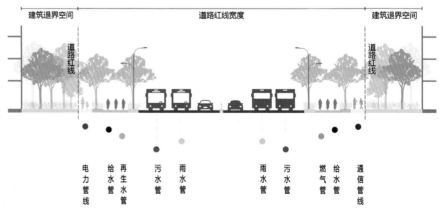

管线综合横断面布设示意图 3

5.11.4 智慧市政

1. 智慧街道	4. 智慧公交站	7. 智慧井盖
2. 智慧斑马线	5. 智能交通监控系统	8. 智慧垃圾箱
3. 智慧交通诱导屏	6. 智慧灯杆	9. 智慧无障碍

管控目标:

- 在智慧城市框架下,充分利用北斗、物联网、云计算、大数据、AI 图像识别等技术,选择与市民生活息息相关的路灯、井盖、垃圾箱、斑马线、公交站、交通指引等,建设"数据汇集、远程可控、快速响应、操作便捷"的智能化公共设施,构建智慧道路,实现各项公共设施联动运行、信息共享,提高市民体验高速便捷,打造"基础设施物联化、城市管理精细化、公共服务便捷化、城市环境生态化"的智慧城市生态圈。

1. 智慧街道

(1)建立智慧街道服务平台,集成智慧服务设施

- 在街道重要开放空间节点设置智慧公共艺术装置,扩展声音、图像、气味、触觉等传播媒介。

(2)智慧导游、交互设施

- 通过扫码或多媒体展示街道历史和景点介绍等旅游信息;深化智慧旅游信息化应用,完善网上订票、景点预约等功能,拓展景区门票、地方特产的电子商务销售渠道;打造街道手机智能导航系统 APP 等。
- 在游人较多的街道增设智慧文化互动装置,给人以沉浸式体验,提高参与乐趣。

智能旅游设施展示

2. 智慧斑马线

通过提高斑马线标线的清晰度和醒目度，并通过智能联网控制，实现智能斑马线的通行警示、调度、控制、多点联动，对行人和来往车辆起到双向警示作用。

■ 自动感应斑马线上的人体活动，警示车辆礼让行人。

■ 自动监测每个路口每个时段的人流量，给交警合理调配警力和治堵提供有效的管理手段。

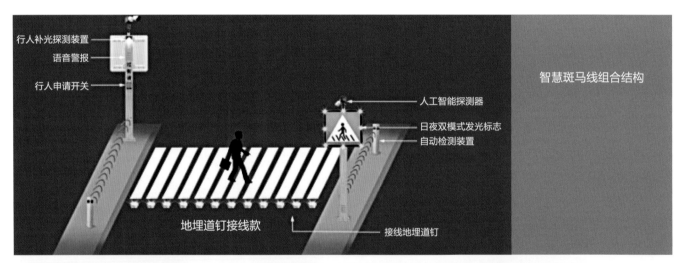

智慧斑马线组合结构

行人补光探测装置
语音警报
行人申请开关
人工智能探测器
日夜双模式发光标志
自动检测装置
地埋道钉接线款
接线地埋道钉

应用案例：符合城市美学、昼夜环境有效预警、确保全天安全。

3. 智慧交通诱导屏

通过流量监测设备、视频监控设备及路口的车辆监测设备采集的数据，进行有效融合，经处理分析形成交通诱导信息，再通过路侧的 LED 显示屏、交通电台、电视等手段向公众发布。

应用案例：交通信息准确、标志牌搭配得当。

4. 智慧公交站

通过定位导航技术、地理信息系统技术、智能传感器以及语音通信技术等，建立公交到站预报系统，同时附带多媒体视频播放、实时视频监控、公众信息发布等功能。

应用案例：集视频监控、公众信息发布、视频播放等功能于一体。

5. 智能交通监控系统

通过监控系统将监视区域内的现场图像传回指挥中心，使管理人员直接掌握车辆排队、堵塞、信号灯等交通状况，及时调整信号配时或通过其他手段来疏导交通、减少交通事故；同时直观监控肇事逃逸车辆，形成有效追踪。

■ 构建全市智联的信号控制系统，实施动态调整，同时结合重要的公交走廊建立公交专用系统，保障公交车辆优先通行。

■ 完善公交信息发布系统，增加智能慢行诱导系统、智能停车诱导系统。

应用案例：交警大数据平台、交通安全预防。

6. 智慧灯杆

智慧灯杆以照明灯杆为基础，集成照明自动控制、音视频监控、5G 基站、WiFi 热点、多媒体屏幕以及天气、环境等功能，通过灵活的组合和配置，满足不同路段的功能视线、环境搭配等需求，同时还可以通过物联网技术和综合信息管理平台实现低成本的数据传输和高效率的数据共享。

智慧灯杆不但采用了节能照明技术，还综合了一些智慧功能。

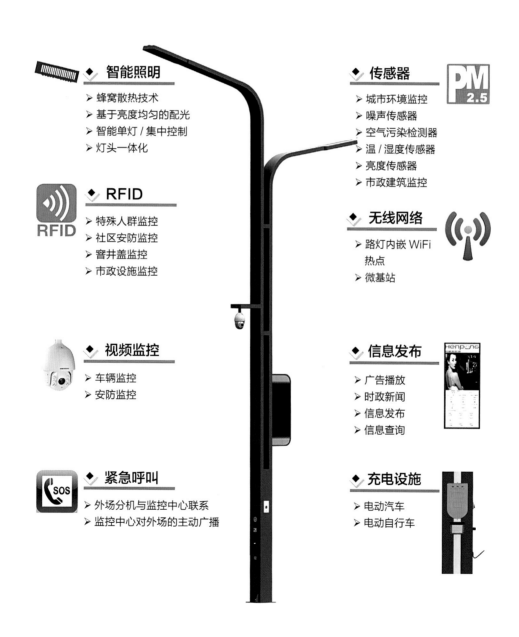

◆ 智能照明

➢ 蜂窝散热技术
➢ 基于亮度均匀的配光
➢ 智能单灯 / 集中控制
➢ 灯头一体化

◆ RFID

➢ 特殊人群监控
➢ 社区安防监控
➢ 窨井盖监控
➢ 市政设施监控

◆ 视频监控

➢ 车辆监控
➢ 安防监控

◆ 紧急呼叫

➢ 外场分机与监控中心联系
➢ 监控中心对外场的主动广播

◆ 传感器

➢ 城市环境监控
➢ 噪声传感器
➢ 空气污染检测器
➢ 温 / 湿度传感器
➢ 亮度传感器
➢ 市政建筑监控

◆ 无线网络

➢ 路灯内嵌 WiFi 热点
➢ 微基站

◆ 信息发布

➢ 广告播放
➢ 时政新闻
➢ 信息发布
➢ 信息查询

◆ 充电设施

➢ 电动汽车
➢ 电动自行车

街道类型	灯杆风格推荐

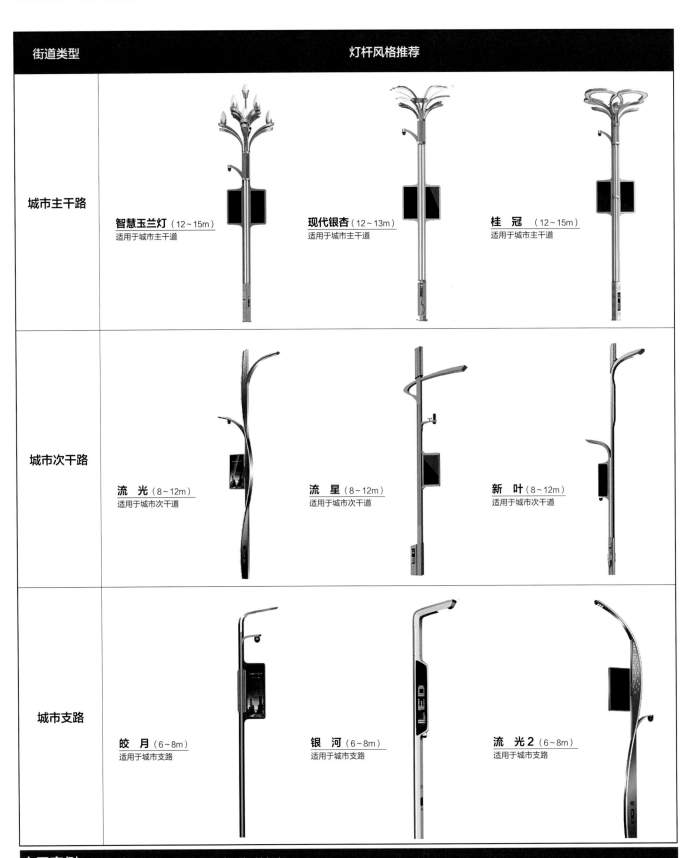

城市主干路

智慧玉兰灯（12~15m）
适用于城市主干道

现代银杏（12~13m）
适用于城市主干道

桂　冠（12~15m）
适用于城市主干道

城市次干路

流　光（8~12m）
适用于城市次干道

流　星（8~12m）
适用于城市次干道

新　叶（8~12m）
适用于城市次干道

城市支路

皎　月（6~8m）
适用于城市支路

银　河（6~8m）
适用于城市支路

流　光2（6~8m）
适用于城市支路

应用案例：结合城市风格，采用不同类型智慧灯杆。

7. 智慧井盖

智慧井盖可实现对城市井盖的位置信息、异常丢失、异常开启、破损以及水位监测、洪涝等状态信息做出分析和预警。

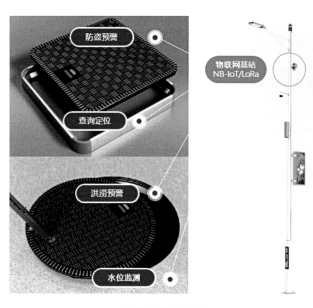

智慧井盖示意图

8. 智慧垃圾箱

智慧垃圾桶，可实现满溢提醒、压缩体积空间、强制分类等功能，减少公共垃圾造成的细菌传播及交叉感染，垃圾异味溢出，确保四周空气清新，营造绿色的街道空间。

智慧垃圾箱示意图

9. 智慧无障碍

智慧无障碍指通过智能技术将无障碍理念融入基础设施中，在 GPS 配合下，了解环境，查询地图，完成独立出行，安全行进，为残障人士，如视障人士、肢体障碍人士、认知障碍人士、老年人、外国人非母语人士带来特殊情景下的增益。

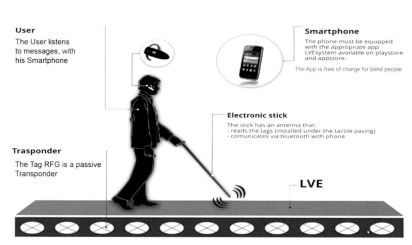

5.12 模块十：照明系统

5.12.1 灯具选型

5.12.2 景观照明

5.12.3 节能照明与应用

总体指引：

道路照明设计应遵循安全可靠、技术先进、经济合理、节能环保、维修方便的理念，在满足功能亮化的基础上，综合选择能体现文化特色及街道风貌的灯具、灯杆样式。

 资源集约　 设施整合　 明星街道

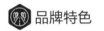 品牌特色　 文化魅力

灯具选型引导汇总表			
街道类型	选取要点	位置形式	推荐意向
生活型/ 商业型街道	▪ **外形：** 现代、时尚、造型艺术化，注重人性化体验，与城市景观风貌协调统一。 ▪ **灯高：** 快速路 / 主干路：12～15m； 　　　　次干路：9～12m； 　　　　支路：9m 以内。 ▪ **灯具：** 满足功能性照明的同时，增加景观性调光效果，以满足街道在特定时刻所需要的夜景效果	机动车道 侧路灯	
交通型/ 工业型街道	▪ **外形：** 造型简约为主，主要是为机动车驾驶员提供安全驾驶的条件，以功能性照明为主。 ▪ **灯高：** 快速路 / 主干路：12～15m； 　　　　次干路：9～12m； 　　　　支路：9m 以内。 ▪ **灯具：** 在路灯光色与光源类型的选择上应尽量使用节能高效并具有良好视觉功效的光源，减少炫光影响	机动车道 侧路灯	

5.12.1 灯具选型

1. 生活型街道照明 4. 景观型街道照明

2. 商业型街道照明 5. 工业型街道照明

3. 交通型街道照明 6. 综合型街道照明

管控目标：

■ **依据城市街道照明的不同功能要求配备不同类型的路灯。**

1. 生活型街道照明

■ 位于居住用地部分，以服务本地居民生活为主。

■ 路灯光色与光源类型的选择应尽量使用节能高效并具有良好视觉功效的光源。

生活型街道照明：

2. 商业型街道照明

■ 着重考虑行人，应增大装饰性照明的比例。路灯光色可采用高显色性的白色调，搭配不同的色温来营造不同的环境气氛。

■ 灯具应根据街道特点配置，或新颖时尚，或婉约古朴，或创意独特。

商业型街道照明：

3. 交通型街道照明

■ 主要是为机动车驾驶员提供安全驾驶的条件，以功能性照明为主。

■ 路灯光色与光源类型的选择应尽量使用节能高效并具有良好视觉功效的光源。

交通型街道照明：

4. 景观型街道照明

- 以景观形象的提升为目的，照明方式以功能性照明和装饰性照明并重。

- 路灯光源光色可采用高显色性的白色调，给人们带来现代、醒目的视觉感受。

- 灯具应注重美观性和装饰性。

景观型街道照明：

5. 工业型街道照明

- 以适应批发、建筑、加工和物流服务企业等的装卸和配送需求为原则，选取合适的照度，采取适当的亮度分布并考虑照明的均匀性，减少不必要的阴影，使视觉空间清晰。

- 灯具应限制炫光，提高灯光下作业、活动的安全性，处理好光色与显色性指数，为工作创造有利的变色环境。

工业型街道照明：

6. 综合型街道照明

- 支持混合居住、办公、娱乐、零售等街道服务，或兼有两种以上上述类型特征的街道。

- 路灯应根据周边环境特色选用，既满足功能又与周边环境相协调。

综合型街道照明：

5.12.2 景观照明

1. 设计要求   4. 水景照明
2. 景观道路照明   5. 绿化种植照明
3. 雕塑小品照明

管控目标：

- 景观照明的主要内容是通过灯光布设将夜间的园林打造出光影效果，创造宜人的观赏意境；增强对物体的识别性并营造景观氛围，同时提高夜间出行的安全性，保证居民晚间活动的正常开展。

1. 设计要求

- 亮照分区：对区域经过对象的亮度进行数值量化，以使表达对象该亮则亮、该暗则暗。

- 光色分区：依园林内的园路、区域用不同色彩的灯光进行配置，反映出城市夜景景观的色彩分区。

2. 景观道路照明

- 根据道路的宽度和功能确定，道路较宽时可考虑使用路灯或庭院灯，灯杆间距可为 15～25m，灯杆高度为 3.5～4m。

- 作为宅间路，步行道、林间小路等道路较窄时可考虑使用庭院灯或草坪灯，草坪灯间距为 3H～5H（H 为草坪灯距地安装高度）。

- 草坪灯的设置应避免直射光进入人的视野。

3. 雕塑小品照明

- 一般以突出雕塑的形态、增强其立体感为主要目的，通常选择侧光、投光和泛光相结合的布设形式。

- 具体的灯具数量和位置应根据雕塑的形态来判定，避免高强度高亮度的灯光直射。

庭院灯及草坪灯布置应用案例：

雕塑小品照明应用案例：

4．水景照明

- 水景照明包括喷泉、喷水池、人造瀑布、水幕帘照明等；

- 喷泉照明灯具一般安装在水面下 10~30mm 为宜，光源采用金属卤化物灯或白炽灯，喷水池照明可采用水下投光灯将喷水水头照亮；

- 人造瀑布照明和水幕帘照明的灯具一般装在水流下落处的底部。

水幕帘、喷泉照明应用案例：

5．绿化种植照明

- 绿化种植照明主要是对植物的照明，投光灯安装在地面。

- 对相对独立的乔木，可在树下安装两只金属卤化物灯向上投射，形成一种特写的效果。

- 对成排成行的乔木，可采用埋地型投光灯，安装于树与树之间，产生一种朦胧的美感。对于组团植物，可分布多只投光灯分别照射不同高度树木的树干，形成丰富的立体感。

绿化亮景照明应用案例：

5.12.3 节能照明与应用

1. 控制要求　2. 精准时控　3. 自动感应控制

管控目标：

- 合理设置智能控制方案，通过调光实现"按需照明"，深化节能减排，降低路灯能耗。

1. 控制要求

- 路灯选用高光效 LED 灯。

- 通过合理调控路灯开关灯时间，实现节能运行。

3. 自动感应控制

- 智能灯具可根据车流、人流自动控制灯具。智能灯具与监控联动，在实现按需照明的同时，可清晰记录视频画面，提高安防防护等级。

2. 精准时控

可根据冬季夏季日出日落自动开启照明灯具，改变完全时控带来的弊端。

智慧 LED 路灯案例

节能路灯系统案例分析：

支持多种智能调光方式，进一步节能减排，光线应柔和舒适，无炫光影响，绿色环保。

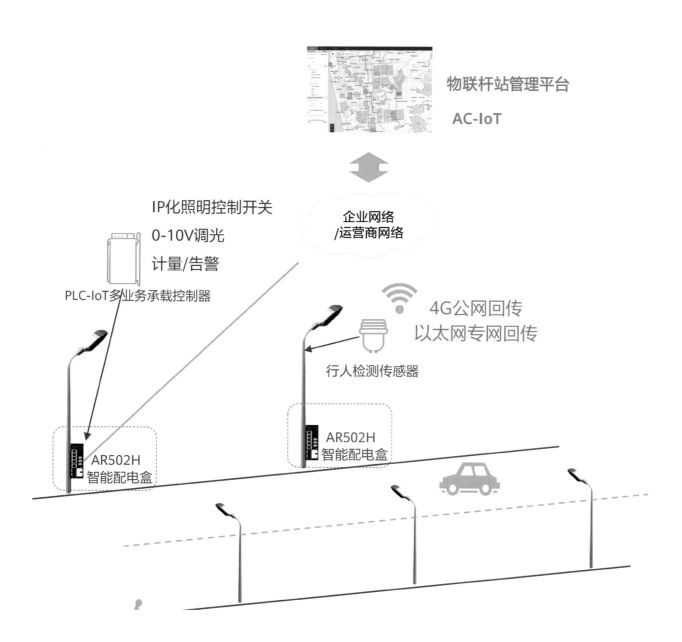

物联杆站管理平台

AC-IoT

企业网络
/运营商网络

IP化照明控制开关

0-10V调光

计量/告警

PLC-IoT多业务承载控制器

4G公网回传
以太网专网回传

行人检测传感器

AR502H
智能配电盒

AR502H
智能配电盒

5.13 模块十一：
海绵城市

5.13　模块十一：海绵城市

总体指引：

　　海绵城市应结合城市特点及地方相关规定，综合采用渗、滞、蓄、净、用、排等措施，达到自然积存、自然渗透、自然净化功能。

　　对于可采用海绵城市设施的街道空间，海绵城市设施主要为生物滞留带、雨水花园及植草沟等。

生态种植　　绿色技术

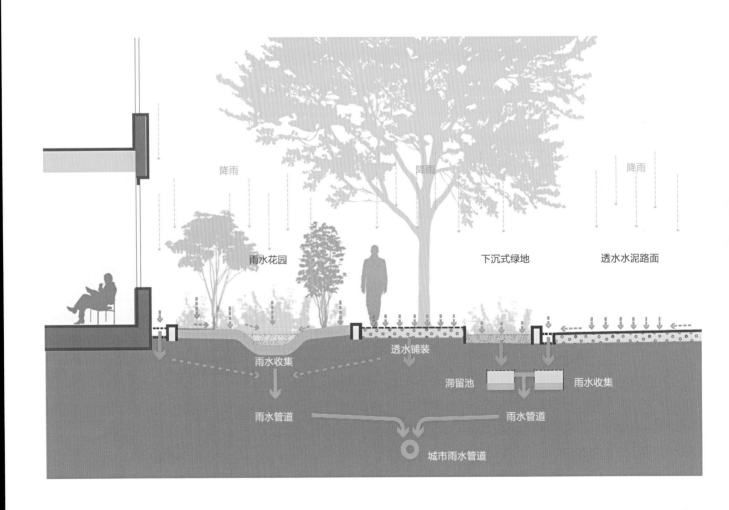

5.13.1 生物滞留带

1. 植物选择　2. 布设要点

生物滞留带是在地势较低的区域，通过植物、土壤和微生物系统蓄渗、净化径流雨水的设施。

管控目标：

- 通过设置生物滞留带，在地势较低的区域通过植物、土壤和微生物系统蓄渗、净化径流雨水。在满足海绵城市要求的同时，形成较好的景观效果。

1. 植物选择

- 滤料层上的植物选择种类可以是地被植物、草本植物、灌木和乔木，但占主导地位的植物应为地被及草本。

- 乔灌木不是生物滞留带所必须的植物，可适当设置以提供舒适、有特色的栖息地，增强街道的景观效果。

2. 布设要点

- 一般适用于各类街道的绿化带及绿化退缩带（若有）等城市绿地内。

- 设置于道路侧绿化带的生物滞留带宽度一般不小于 1.5m。

生物滞留带断面示意

路缘石开口：采用流线型、简洁美观的路缘石开口处理，直接与街道景观结合。

路缘石开口处及溢流口可设置卵石或碎石铺砌，具有较好景观性的同时也可起到消能及防冲刷的作用。

铺置石子防止侵蚀

溢流口

5.13.2　雨水花园

1. 植物选择　2. 布设要点

雨水花园是自然形成的或人工挖掘的浅凹绿地，被用于汇聚并吸收来自屋顶或地面的雨水，通过植物、沙土的综合作用使雨水得到净化，并使之逐渐渗入土壤，涵养地下水，或使之补给景观用水、厕所用水等城市用水，是一种生态可持续的雨洪控制与雨水利用设施。

管控目标：

■ 运用景观化处理手段，使植物与材料成为花园主角，与城市景观相融合，充满艺术气息的观赏价值，在成为解决城市雨洪问题、构建海绵城市的基本单元的同时，让雨水设施重新焕发生机与活力。

1. 植物选择

■ 植物以可以在浅水中生长的挺水植物、沉水植物和浮叶植物为主，考虑水体净化功能：挺水植物的根系对其具有最直接和最重要的作用；沉水植物是水体富营养化程度的重要参考指标；浮叶植物在其中起点缀配置的作用，与挺水植物互补凸显水面立体效果。

2. 布设要点

■ 雨水花园并不需要具体的形式，只要能起到相应的作用，设计可以非常自由，非常具有创造性。

■ 雨水花园一般适用于景观型街道绿化退缩带（若有）、或"见缝插绿"设置于商业型、景观型街道边角地、闲置地（如平交口空地）等其他城市绿地内。

■ 边界利用石材作为内部填充材料，经济环保且具有一定的渗透和过滤作用。以砾石沟或浅草沟连接雨水花园各个区域，形成联动调蓄作用。

雨水花园设施断面示意

砾石沟或浅草沟连接的雨水花园　　植物选择

5.13.3　植草沟

1. 植物选择　2. 布设要点

植草沟是种有植被的地表浅沟，可收集、输送、排放并净化径流雨水。

管控目标：

- 生态植草沟更加针对雨洪的前期处理，以及雨水的运输阶段，可以是雨水花园的输入与输出通道，以代替传统的沟渠排水系统，更好地与周边景观相融合，更加生态、柔性、美观、整体。

1. 植物选择

宜采用密集的草皮草，不宜种乔木及灌木植物。植被高度宜控制在 0.1～0.2m。

2. 布设要点

- 适用于各类街道及街道绿地中，可作为生物滞留设施、海绵设施的预处理设施，但不适用于地下水位高、坡度大于 15% 的区域。

- 断面形式宜采用倒抛物线、三角形或梯形。

- 除了排水的功能要素外，作为一般性的景观元素存在时，植草沟应当具有一定的观赏性。

边沟示意

海绵设施间引流

综合植物造景的植草沟

5.13.4 生态树池   布设要点

生态树池的标高一般比路面低一些，用以收集、初步过滤雨水径流。

管控目标：

- 在铺装地面上栽种树木且在周围保留一块区域，利用透水材料或格栅类材料覆盖其表面，并对栽种区域内土壤进行结构改造且略低于铺装地面，起到有限地参与地面雨水收集，延缓地表径流峰值的作用。

布设要点

- 树池尺寸通常为 800~2400mm，具体应根据树高、树径、根系的大小并结合景观需要来决定。地面高度一般不超过 600mm，过高易造成压抑感。

- 树池的护树面层所填充材料的形状、质地、纹路、色彩等与周围环境相协调，与街道风格协调统一。

生物树池设施断面示意

生态树池示意

6

DESIGN
IMPLEMENTATION
RECOMMENDATIONS

第六章　设计实施建议

第六章　设计实施建议

6.1　实施原则

6.1.1　规划引领

1. 完善系统专项规划

街道转型必须坚持规划引领和统筹设计，面向城市人性尺度进行"空间再创造"。

贯彻落实"行人优先"的交通发展战略，逐步完善步行系统规划、非机动车系统规划、公共交通系统规划等内容，促进交通方式向绿色交通转变，为街道设计提供交通模式选择的基本依据。在道路规划中，倡导根据沿线功能进行街道分类的方法，丰富街道的管控要素。

2. 加强街道空间一体化管控

在城市规划阶段，应加强对地区街道断面、基本街道设施、街墙高度、底层用途等街道相关要素的管控；在建设实施阶段，增加街道空间一体化设计内容，将道路项目规划管理和沿线建筑项目规划管理统筹考虑，提升道路与沿街建筑的设计品质。

6.1.2　开放包容

1. 部门协同

为保证街道的系统性与整体性，促进街道各功能的协调均衡发展，应加强规划、交通、交警、绿化市容等管理部门在规划、工程设计环节的沟通协调。

2. 动态更新

结合城市发展需求和街道设计实践，不断丰富和完善指南内容，保持导则的前瞻性、引领性和可发展性。

6.1.3　保障机制

1. 建设机制

形成街道空间一体化设计与建设机制，明确牵头单位职责、设计与建设费用分担规则、设施管理维护责任等，相关部门负责牵头组织重点街道一体化设计方案审查、实施建设和维护管理工作。

2. 制定相关配套政策

相关部门按照街道一体化理念要求，探索制定机动车街道空间停车、街道分时段使用、街道共享单车、街道市政设施、建筑后退空间土地利用、街道社区治理、街道建设资金保障等相关配套政策。

3. 激励机制

建立街道评价体系，设立最佳街道奖项，鼓励符合设计导向的街道设计与建设。

6.1.4　弹性实施

1. 街道使用分时段管理

在周末和节假日，对于步行交通量较大的支路，可在步行需求较大的时段禁止机动车驶入，形成步行街区。允许沿街设置商业活动区域，鼓励结合街道空间开展公共艺术活动，增加街道活跃度，强化街道作为公共开放空间的公共认知。

2. 弹性管控

指南采用弹性的目标管控，街道设计指南只限定了底线，其他均为建议性指引，为设计师留以充分的设计空间，以激发创新性设计。

6.2 设计工作模式

6.2.1 模式一

- 建议采用"分类引导、分级管控"的工作模式,在新城建设中应严格执行一体化设计要求;
- 重点街道应编制街道一体化设计方案;
- 一般街道应在一体化的设计理念指导下开展街道设计工作。

6.2.2 模式二

可考虑全过程管控与红线内外协同建设模式。

全过程管控:

- 在城市设计阶段,应当强化法定规划中对地区用地混合程度、街道断面、街墙高度、底层用途等街道相关要素的管控;
- 在建设实施阶段,应当加强道路设计与沿街建筑审批阶段的设计品质管控,落实规划相关要求;
- 可以尝试街区"总城市设计师"制度,整体控制街道品质,提供长期跟踪服务。

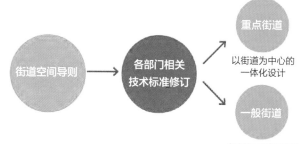

红线内外协同建设:

根据道路建设与地块开发时序及交通需求,灵活安排道路建设。

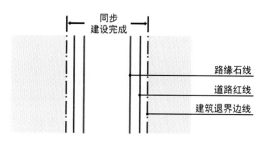

情况一:地块开发与道路建设时序一致。

两者时序一致时,可同步实施红线内道路和退界部分,一次建设到位。

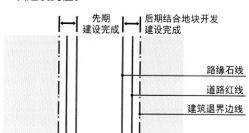

情况二:地块开发与道路建设时序不一致,可不建设人行道。

处于开发建设初期的地区,步行需求较低,若道路先行建设,可优先实施机动车及非机动车部分,人行道结合开发建设同步实施。

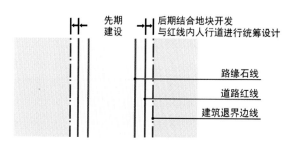

情况三:地块开发与道路建设时序不一致,需提供基本人行道。

在不影响道路使用功能的前提下,可优先实施红线内部分,退界部分在地块开发时建设,或衔接红线内已建成人行道,进行一体化设计,使得风貌统一协调。

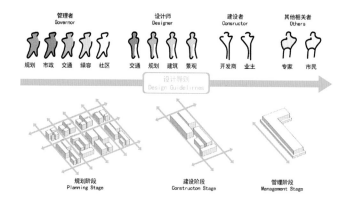

6.3 项目级指引

6.3.1 总体要求

设计阶段具体指引

具体项目在开展设计之前需要在本街道设计指南的指导下开展项目级指引的编制工作，项目级指引需根据具体项目情况以本指南的框架理念、原则、断面形式以及各模块的总体要求和管控要点为技术参考，进行深入细化。在确保项目规划与城市综合开发理念契合、风貌契合的同时，提出针对街道设计阶段的微观要求，统筹考虑、统一设计，指导理念落地，实现城市综合开发项目的标准化、高效化、一体化的目的。

与上位规划的关系

编制项目级指引应延续当地上位规划所定的技术指标、规划理念及交通规划整体思路。

与相关规范、本指南的关系

在编制项目级指引的时候，当国家规范、行业标准、地方标准中的强制性条文与本指南有出入的，应以各规范的强制性条文为准。各规范中的非强制性条文及地方规定与本导则有出入的，应贯彻导则的要求，但在实际执行中，结合具体情况，留有弹性。

文化的融入

根据本指南的中交特色文化所提炼的色彩、元素等内容与当地文化进行融合衍生，将嵌入中交印记的当地特色文化元素贯穿于整个街道的设计中，使得整个项目完整统一，提升城市风貌，提高城市综合开发街道的品质，注入文化魂，推进文化的碰撞、推广和营销，打造中交高品质的城市风貌和品牌。

6.3.2 具体要求

序号	街道空间导则指引	项目级指引深化要求

第一章 ····· **指南概述**

1.1　背景与意义
1.2　指南应用方法
1.3　指南的承接关系与意义

- 以街道设计指南为前提，解读具体项目的背景与意义；
- 解读当地规范与地方导则指引。

第二章 ····· **街道空间功能定位与发展目标**

2.1　街道空间与城市的联系
2.2　街道空间的基础功能
2.3　街道空间的构成要素
2.4　确定街道空间发展目标与理念
2.5　国内外街道营造趋势研究与总结
2.6　中交文化体系
2.7　相关项目研究与总结

- 承接街道设计指南的定位与发展目标；
- 解读上位规划及项目特色定位；
- 中交与当地文化融合；
- 在契合街道设计指南街道发展目标与理念的基础上，结合具体项目情况提出具有该项目特色的发展目标与愿景。

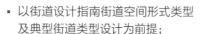
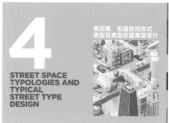

6.4 街道空间评价表

街道空间设计评审表是检查街道设计、建设、管理的各环节是否符合导则提倡的设计理念的工具，包含街道设计评价表、街道工程质量评价表、街道投资运营评价表（调查问卷）。

					街道设计
					适用阶段：道路设计全阶
类别	控制项	是/否符合	基础项		1分
总体			1.街道整体设计目标、理念符合导则指引		非常不符合
			2.街道设计充分运用导则所指引的中交文化体系		非常不符合
			3.街道类型定位符合导则指引		非常不符合
			4.街道整体设计原则符合导则第三章控制的四大原则		非常不符合
			5.街道断面设计符合导则第四章的推荐断面		非常不符合
街道慢行系统	1.与机动车道共板时，非机动车道宽度不应小于2.5m		6.分板模式符合街道类型		非常不符合
	2.独立非机动车道宽度不应小于3.5m		7.人行道覆盖无障碍设计		非常不符合
	3.人行道宽度不应小于2m，净宽不应小于1.5m		8.人行道连续		非常不符合
	4.车带和设施带宽度不应小于1.5m		9.非机动车道连续		非常不符合
	5.设计速度小于等于60km/h，小客车专用道宽度不应小于3.25m，混行车道宽度不应小于3.5m；设计速度大于60km/h，小客车专用道宽度不应小于3.5m，混行车道宽度不应小于3.75m				
	6.设计速度小于60km/h，路缘带宽度不应小于0.25m，设计速度大于等于60km/h，路缘带宽度不应小于0.5m				
建筑退界空间			10.建筑退界尺度符合导则指引		非常不符合
			11.建筑前区尺度符合导则指引		非常不符合
			12.后退形式符合导则指引		非常不符合
			13.红线内外统筹设计且过渡平顺		非常不符合
			14.贴线率符合导则指引		非常不符合
			15.首层界面透明度符合导则指引		非常不符合
			16.沿街界面业态丰富且符合街道类型		非常不符合
			17.沿街建筑立面风貌协调美观		非常不符合
			18.机动车出入口符合导则指引		非常不符合
			19.人行出入口间距符合导则指引		非常不符合
道路交叉口			20.交叉口形式符合导则指引		非常不符合
公共交通通行区	7.公交车专用道宽度不应小于3.5m		21.公交车专用道设置符合导则指引		非常不符合
	8.公共走廊站台双侧停靠的宽度不应小于5m，单停靠的宽度不应小于3m		22.公交车站布局合理		非常不符合
	9.常规公交车站台宽度不应小于2m				
过街设施区	10.人行横道长度大于16m时，应设置安全岛，宽度不应小于2m		23.过街设施间距符合导则指引		非常不符合
			24.过街设施配备无障碍设施		非常不符合
			25.立体过街设施与两侧建筑物相连形成连续完整的步行系统		非常不符合
景观绿化			26.绿化风貌符合街道类型		非常不符合
			27.行道树符合导则指引		非常不符合
			28.分隔带符合导则指引		非常不符合
			29.路侧绿带符合导则指引		非常不符合
			30.交通岛绿地符合导则指引		非常不符合
			31.行道树树池形式符合街道类型		非常不符合

注：·控制项：根据各类规范需严格遵循的项。

·基础项：本指南建议重点控制的项。

·弹性项：根据具体项目需求灵活实施的项。

价方：设计管理者

2分	3分	4分	5分	分值	弹性项	1分	2分	3分	4分	5分	分值
符合	一般	符合	完全符合								
符合	一般	符合	完全符合								
符合	一般	符合	完全符合								
符合	一般	符合	完全符合								
符合	一般	符合	完全符合		1.适宜的人行道和非机动车道宽度	非常不符合	不符合	一般	符合	完全符合	
符合	一般	符合	完全符合								
符合	一般	符合	完全符合								
符合	一般	符合	完全符合								
符合	一般	符合	完全符合		2.设置设施带、休憩区活动空间	非常不符合	不符合	一般	符合	完全符合	
符合	一般	符合	完全符合		3.考虑弹性空间	非常不符合	不符合	一般	符合	完全符合	
符合	一般	符合	完全符合		4.考虑分时利用	非常不符合	不符合	一般	符合	完全符合	
符合	一般	符合	完全符合		5.适当增加灰空间	非常不符合	不符合	一般	符合	完全符合	
符合	一般	符合	完全符合		6.考虑建筑立面色彩控制	非常不符合	不符合	一般	符合	完全符合	
符合	一般	符合	完全符合								
符合	一般	符合	完全符合								
符合	一般	符合	完全符合								
符合	一般	符合	完全符合								
符合	一般	符合	完全符合		7.考虑宁静化设计	非常不符合	不符合	一般	符合	完全符合	
符合	一般	符合	完全符合		8.充分运用智能站台及站牌	非常不符合	不符合	一般	符合	完全符合	
符合	一般	符合	完全符合		9.考虑公交站和非机动车道协同	非常不符合	不符合	一般	符合	完全符合	
符合	一般	符合	完全符合		10.考虑立体过街形式	非常不符合	不符合	一般	符合	完全符合	
符合	一般	符合	完全符合		11.考虑过街设施与公交站、地铁站协同	非常不符合	不符合	一般	符合	完全符合	
符合	一般	符合	完全符合		12.立体过街设施外观与城市景观环境相协调	非常不符合	不符合	一般	符合	完全符合	
符合	一般	符合	完全符合		13.充分应用本土植物资源	非常不符合	不符合	一般	符合	完全符合	
符合	一般	符合	完全符合		14.营造四季植物景观	非常不符合	不符合	一般	符合	完全符合	
符合	一般	符合	完全符合		15.应用立体绿化	非常不符合	不符合	一般	符合	完全符合	
符合	一般	符合	完全符合								
符合	一般	符合	完全符合								
符合	一般	符合	完全符合								

适用阶段：道路设计全阶段

类别	控制项	是/否符合	基础项	1分
铺装系统			32.人行道铺装材质、尺度、色彩等与街道类型匹配。	非常不符合
			33.非机动车道铺装识别性高，与街道风貌相协调	非常不符合
			34.无障碍铺装系统连续	非常不符合
			35.采用装饰井盖或艺术井盖	非常不符合
			36.退缩空间与慢行道铺装一体化设计，过渡衔接自然	非常不符合
城市家具及公共艺术			37.清晰的标识系统	非常不符合
			38.非机动车停放点服务半径合理	非常不符合
			39.自行车停放点/租赁点符合导则指引	非常不符合
智慧设施带			40.线路规划合理	非常不符合
照明系统			41.灯具选型符合街道类型	非常不符合
			42.照明布局符合导则指引	非常不符合
海绵城市			43.应用海绵设施	非常不符合
			44.海绵设施可操作性及运行条件合理	非常不符合
			45.人行道或非机动车道设置透水性铺装（若有透水地质条件）	非常不符合
*明星街道			1.街道类型选择符合明星街道标准	非常不符
			2.断面宽度控制符合明星街道标准	非常不符
			3.街道位置符合明星街道标准	非常不符
			4.空间尺度符合明星街道标准	非常不符
			5.绿化率符合明星道路标准	非常不符
			6.铺装风貌符合明星道路标准	非常不符
			7.景观小品符合明星道路标准	非常不符
			8.智慧设施符合明星街道标准	非常不符
			9.亮化工程符合明星街道标准	非常不符
			10.充分体现中交文化与城市文化特色融合	非常不符
得分				
分值区间				
*明星街道分值区间				

注：·控制项：根据各类规范需严格遵循的项。

·基础项：本指南建议重点控制的项。

·弹性项：根据具体项目需求灵活实施的项。

分	3分	4分	5分	分值	弹性项	1分	2分	3分	4分	5分	分值
符合	一般	符合	完全符合		16.人行道铺装运用导则所示文化元素	非常不符合	不符合	一般	符合	完全符合	
符合	一般	符合	完全符合		17.非机动车道铺装运用导则所示文化元素	非常不符合	不符合	一般	符合	完全符合	
符合	一般	符合	完全符合		18.井盖设计运用导则所示文化元素	非常不符合	不符合	一般	符合	完全符合	
符合	一般	符合	完全符合								
符合	一般	符合	完全符合								
符合	一般	符合	完全符合		19.主题雕塑设计体现文化特色	非常不符合	不符合	一般	符合	完全符合	
符合	一般	符合	完全符合		20.艺术小品设计体现文化特色	非常不符合	不符合	一般	符合	完全符合	
符合	一般	符合	完全符合		21.标识系统设计体现文化特色	非常不符合	不符合	一般	符合	完全符合	
					22.自行车停车设施设计体现文化特色	非常不符合	不符合	一般	符合	完全符合	
					23.人行护栏设计体现文化特色	非常不符合	不符合	一般	符合	完全符合	
					24.止车石设计体现文化特色	非常不符合	不符合	一般	符合	完全符合	
					25.路缘石设计体现文化特色	非常不符合	不符合	一般	符合	完全符合	
					26.公共座椅设计体现文化特色	非常不符合	不符合	一般	符合	完全符合	
					27.公共设施体现老人、儿童、残障人士关怀	非常不符合	不符合	一般	符合	完全符合	
符合	一般	符合	完全符合		28.应用多杆合一	非常不符合	不符合	一般	符合	完全符合	
					29.应用多箱合一	非常不符合	不符合	一般	符合	完全符合	
					30.应用智慧市政	非常不符合	不符合	一般	符合	完全符合	
符合	一般	符合	完全符合		31.亮化设计充分且有特色	非常不符合	不符合	一般	符合	完全符合	
符合	一般	符合	完全符合		32.充分考虑节能照明	非常不符合	不符合	一般	符合	完全符合	
符合	一般	符合	完全符合		33.考虑海绵设施的景观性	非常不符合	不符合	一般	符合	完全符合	
符合	一般	符合	完全符合								
符合	一般	符合	完全符合		1.搭建项目专属视觉体系（LOGO等）	非常不符合	不符合	一般	符合	完全符合	
符合	一般	符合	完全符合		2.呼应城市色彩控制体系	非常不符合	不符合	一般	符合	完全符合	
符合	一般	符合	完全符合								
符合	一般	符合	完全符合								
符合	一般	符合	完全符合								
符合	一般	符合	完全符合								
符合	一般	符合	完全符合								
符合	一般	符合	完全符合								
			共45项（满分225）	45~89：差 90~134：中 135~179：良 180~225：优						共33项（满分165）	33~65：差 66~98：中 99~131：良 132~165：优
			*共55项（满分275）	55~109：差 110~164：中 165~219：良 220~275：优						*共35项（满分175）	35~69：差 70~104：中 105~139：良 140~175：优

街道工程

适用阶段：道路建成

类别	项目	评价标准
总体	1.道路建设	完成质量
	2.交通衔接	可达、连续、顺畅
人行道	3.人行道铺装	连续、平整、铺装精细、红线内外协调统一、过渡自然
	4.无障碍	连续、安全
非机动车道	5.骑行道质量	连续、安全
	6.非机动车道铺装	平整、色彩适宜、铺装精细、表观品质
机动车	7.车道质量	标志标线完善、平整
	8.交叉口	渠化设施完善、过街连续、安全
景观绿化	9.植物	与设计一致，苗木规格符合设计要求
	10.造型	乔木视线通达，林冠线美观舒适，灌木修剪平整，造型线条流畅
	11.绿量	人行遮荫、舒适，对行车无干扰
退缩空间	12.退界铺装	连续、平整、道路红线内外铺装过渡自然，色彩协调统一
	13.出入口	无高差、连续
管线设施	14.照明灯具	车行道照明亮度、夜景灯光色彩、与其他设施干扰度
	15.管线设施	检查井不突出地面或下沉、采用装饰井盖、与铺装的角度协调
城市家具及公共艺术	16.选材	低碳环保、易于维护
	17.样式	选型满足定版、定样要求，与周边景观协调性
海绵设施	18.雨水设施	排水顺畅
智慧城市	19.智慧街道	智慧化体现
*明星街道	20.风貌	美观程度
得分		
分值区间		

评价表

价方：工程管理者

1分	2分	3分	4分	5分	分值
非常不符合	不符合	一般	符合	完全符合	
非常不符合	不符合	一般	符合	完全符合	
非常不符合	不符合	一般	符合	完全符合	
非常不符合	不符合	一般	符合	完全符合	
非常不符合	不符合	一般	符合	完全符合	
非常不符合	不符合	一般	符合	完全符合	
非常不符合	不符合	一般	符合	完全符合	
非常不符合	不符合	一般	符合	完全符合	
非常不符合	不符合	一般	符合	完全符合	
非常不符合	不符合	一般	符合	完全符合	
非常不符合	不符合	一般	符合	完全符合	
非常不符合	不符合	一般	符合	完全符合	
非常不符合	不符合	一般	符合	完全符合	
非常不符合	不符合	一般	符合	完全符合	
非常不符合	不符合	一般	符合	完全符合	
非常不符合	不符合	一般	符合	完全符合	
非常不符合	不符合	一般	符合	完全符合	
非常不符合	不符合	一般	符合	完全符合	
非常不符合	不符合	一般	符合	完全符合	
非常不符合	不符合	一般	符合	完全符合	
				共20项 （满分100）	20~39：差 40~59：中 60~79：良 80~100：优

适用阶段：道路投入运营后（建议定期评价

类别			问题			
基础问题			您的性别		男	女
			您的年龄		0~12	12~18
			您的学历		高中	中专或者大专
			您的月收入水平（元）		0~5000	5000~10000
感知层面			您出门最常用的出行方式		步行	非机动车
			您在小假期或者周末最喜欢去的公共场所		城市公园	郊区公园
			您认为目前步行空间景观哪方面需要加强建设		道路铺装	绿化
			您更喜欢哪种色调的步行道铺装		白色	浅暖色
			您觉得哪种材质的道路铺装更舒适		草坪嵌入	规则式铺装
			道路标识系统是否明晰易读		是	一般

	指标			问题		
项目层	准则层	权重	指标层	对应问卷问题	1分	2分
导则层面	秩序与安全	0.25	交通便捷性	1.街道中有大量的步行公共场所以供散步聚会和逛街	非常不符合	不符合
			慢行优先性	2.街道的车辆通行井井有条，不会阻碍行人通行	非常不符合	不符合
				3.在街道步行通道的宽度非常合适，空间非常充足	非常不符合	不符合
			街道安全性	4.在两旁有车辆穿行的街道行走很安全	非常不符合	不符合
				5.过街非常安全和便捷	非常不符合	不符合
				6.街道的治安管理是有序的	非常不符合	不符合
				7.街道夜晚有足够的且舒适的夜间照明	非常不符合	不符合
	活力与人文	0.25	功能复合性	8.街道附近空间能满足您的大部分需求	非常不符合	不符合
				9.在街道空间能方便地找到及到达所需要的设施	非常不符合	不符合
			活动舒适性	10.街道空间中有丰富的活动空间（除了常规街道设施还有水景、文化展示区域等）	非常不符合	不符合
				11.整个街道是充满活力、能够与游客互动的	非常不符合	不符合
				12.街道中的休息座椅非常充足	非常不符合	不符合
			尺度宜人性	13.在街道行走不会觉得拥挤	非常不符合	不符合
			人文关怀性	14.街道中的座椅、台阶等使用起来非常舒适	非常不符合	不符合
				15.街道空间对残疾人特别友好（盲道、防滑铺装等设置齐全）	非常不符合	不符合
				16.您会非常希望带老人、儿童甚至宠物来到此街区活动	非常不符合	不符合
	生态与智慧	0.25	资源节约度	17.街道中没有空间是闲置或者是浪费的	非常不符合	不符合
			绿化生态性	18.街道的景观优美，绿化品种很丰富，让人印象深刻	非常不符合	不符合
			绿色技术应用程度	19.街道中有对雨水径流控制的设施，能够充分进行水资源合理利用与灾害防护	非常不符合	不符合
			设施整合度	20.街道空间的基础设施配置合适且充足	非常不符合	不符合
				21.街道空间中的设施工作效率高，整合度强	非常不符合	不符合
	品牌与魅力	0.25	品牌特色性	22.在街道空间中有浓厚的地域文化氛围	非常不符合	不符合
				23.街道空间中设施上的品牌符号与装饰给您留下了深刻印象	非常不符合	不符合
			文化魅力性	24.在街道中有非常强的企业文化展示	非常不符合	不符合
				25.您对经常走的步行道路铺装很满意	非常不符合	不符合
得分						
分值区间						

选项（✔选）							
18~30	30~45	45~60	60以上				
本科	研究生及以上						
10000~20000	20000以上						
公交车	出租车	自驾车	其他				
水边绿地、散步道	广场	步行商业街	购物中心	电影院	图书馆、博物馆等	健身房	其他
休息座椅	建筑立面	街道照明	街道小品	游乐设施	其他		
浅冷色	深色	无所谓					
图案铺装	木制						
否							

打分							
3分	4分	5分	分值				
一般	符合	完全符合					
一般	符合	完全符合					
一般	符合	完全符合					
一般	符合	完全符合					
一般	符合	完全符合					
一般	符合	完全符合					
一般	符合	完全符合					
一般	符合	完全符合					
一般	符合	完全符合					
一般	符合	完全符合					
一般	符合	完全符合					
一般	符合	完全符合					
一般	符合	完全符合					
一般	符合	完全符合					
一般	符合	完全符合					
一般	符合	完全符合					
一般	符合	完全符合					
一般	符合	完全符合					
一般	符合	完全符合					
一般	符合	完全符合					
一般	符合	完全符合					
一般	符合	完全符合					
一般	符合	完全符合					
一般	符合	完全符合					
一般	符合	完全符合					
		共25项 （满分125）	25~49：差 50~74：中 75~99：良 100~125：优				

7
APPENDIX

第七章　附录

第七章　附录

7.1　指南相关术语及定义

1. 街道：

　　指在城市空间内，设有人行道的道路与其两侧建筑物之间（含界面）共同构成的具有复合功能的城市公共空间，包含道路红线以内及至沿线建构筑物界面形成的三维空间，由机/非车行道、步行区、交叉口、综合设施带、沿街界面等组成。

2. 街道横断面：

　　指垂直于道路设计中心线的横剖面，由道路横断面及沿街界面之间组成的综合断面。

街道横断面示意图

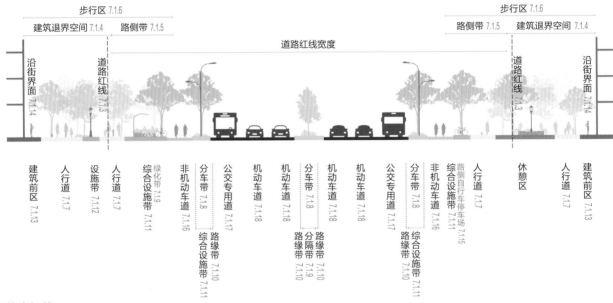

3. 道路红线：

　　指规划道路的路幅边界线，是划分城市道路用地和城市其他建设用地的分界控制线。有时也把确定沿街建筑位置的一条建筑线称作红线，即建筑红线。

4. 建筑退界空间：

　　指道路红线至建筑边线之间，紧邻沿街建筑的开放性公共空间，为沿街建筑开门、台阶、雨篷、市政设施、橱窗、标志牌和人流驻留、集散等提供必要的空间，是城市街道公共空间的重要组成部分，宜布置休憩、活动等生活服务性开放积极功能，也可提供沿街商铺的外摆、沿街零售与其他活动摊位等积极功能。

5. 路侧带：

　　指车行道外侧立缘石的内缘与道路红线之间的范围。路侧带一般由人行道、绿化带和设施带等组成。

6. 步行区：

　　指道路人行道侧石外边线至沿街建构筑物界面间的区域，包含人行道、建筑前区、综合设施带与街边广场、绿地、休闲节点及其各类设施等。

7. 人行道：

　　指以步行方式供行人通过的连续的线状连接道，由道路人行道内的步行通行区以及沿线地块建筑退界内的步行通行区、步行连通道共同组成。

8. 分车带：

指按城市道路建筑限界要求，为确保道路建筑净宽内车行道安全，为对向和同向快慢车流设置的分隔设施。类型有中间分车带（对向车流分隔）和两侧分车带（同向快慢车流分隔），由分隔带和路缘带两部分组成。

9. 绿化带 / 分隔带：

绿化带指路侧带中为行车及行人遮阳并美化环境，保证植物正常生长的条形场地。分隔带指的是沿道路纵向设置的分隔车行道用的带状设施。

10. 路缘带：

路缘带是硬路肩或中间带的组成部分，与行车道连接，用行车道的外侧标线或不同的路面颜色来表示。其主要作用是诱导驾驶员视线和分担侧向余宽功能，以利于行车安全。

11. 综合设施带：

指设置于机、非之间或人、非之间综合性布置各类街道设施的特定区域。综合设施带内可设置路灯、交通标志、非机动车停放、公交车站、机动车临时停车位、室外配电箱以及废物箱、座椅等设施。

12. 设施带：

设施带指路侧带中除综合设施带以外为护栏、灯柱、标志牌、座椅、自行车停车设施、公交站台、变电箱、书报亭等公共服务设施提供的条形场地。

13. 建筑前区：

建筑前区指人行道与临街建筑之间的区域，为开门、台阶、建筑雨篷、外摆、市政设施、橱窗、标志牌和人流集散等提供必要的空间，是城市人行道的重要组成部分，可包括绿化带或设施带。

14. 沿街界面：

指由沿街建筑、绿篱及围墙等建构筑物立面集合而成的竖向界面。

15. 路侧自行车停车场：

指道路沿线两侧结合绿化带、设施带、建筑退界空间等设置的自行车停车场。

16. 非机动车道：

指通过地面标志线或铺装指示规范非机动过街的通行区域，提高自行车过街安全性。

17. 公交专用道：

公交专用道是指专门为公交车设置的独立路权车道，属于城市交通网络建设配套基础设施。公交专用道的主要功能是方便公交网络应对各种高峰时段和突发状况带来的道路拥堵问题。

18. 机动车道：

机动车道是指公路、城市道路的车行道（道路两侧道牙之间或公路上铺装路面部分，专供车辆通行）上自右侧第一条车辆分道线至中心线（无中心线的，以几何中心线为准）之间的车道，除特殊情况外，专供机动车行驶。

19. 建筑退线：

指要求部分或全体建筑构造或其附属设施外立面水平退离道路红线进行建造的三维控制线。

20. 建筑贴线：

指为保证街道界面的完整性与城市空间的整体性所划定的三维控制线，要求部分或全体建筑物外立面在一定高度内需紧贴该线建造。

21. 贴线率：

指建筑物紧贴建筑控制线的界面长度与建筑控制线长度的比值。

22. 街道设施：

指设置于街道内为车行、步行、街道活动以及市政配套等服务的各类设施，包含交通设施、照明设施、服务性设施、环卫设施、无障碍设施、市政设施、景观小品及其他设施。

23. 服务性设施：

指设置于街道内提供休憩、健身或商业服务等的小型设施，包括书报亭、阅报栏、小型商业设施、遮蔽设施、座椅等休憩设施。

24. 无障碍设施：

指设置于街道内的盲道、无障碍坡道、无障碍标识、无障碍停车位等设施。

25. 附属设施：

指依附于沿街界面的围墙、店招、空调室外机、挑檐、雨篷、骑楼等设施。

26. 稳静化措施：

稳静化措施是道路设计中一系列工程和管理措施的总称，目的是降低机动车车速、减少机动车流量，以改善道路周边居民的生活环境，同时保障步行和自行车交通使用者的安全。

27. 街道交叉口：

指各条街道的相交部分，包含进口道、出口道及其向外延伸至沿街界面所共同围合形成的街道空间。

28. 导向标志：

指由图形标志、文字标志、距离信息和箭头符号组合形成，用于指示通往预期目的地路线的公共信息标志。

29. 安全标志：

指通过颜色与几何形状的组合表达通用的安全信息，并且通过附加图形符号表达特定安全信息的标志。

30. 位置标志：

指由图形标志和（或）文字标志形成，用于标明服务设施或服务功能所在位置的公共信息标志。

7.2 扩展资料

7.2.1 相关街道设计导则

《上海市街道设计导则》
上海市规划和国土资源管理局，
上海市交通委员会，上海市城市规划设计研究院　编
同济大学出版社，2016–10

《广州市城市道路全要素设计手册》
广州市住房和城乡建设委员会，广州市城市规划勘测设计研究会，胡峰，
许海榆，赖永娴　等　编写
中国建筑工业出版社，2018–06

《成都市公园城市一体化设计导则（公示版）》
成都市规划和自然资源局，成都市规划设计研究院
成都市天府公园城市研究院，成都市市政工程设计研究院
2019–10

《街道与街区设计导则编制实践：北京朝阳的探索》
唐燕，李婧，王雪梅，于睿智　著
清华大学出版社，2019–09

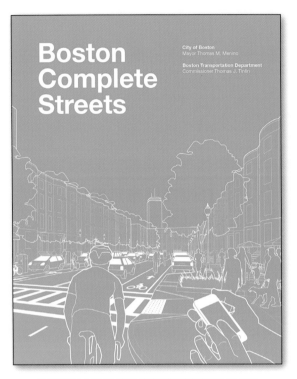

BOSTON COMPLETE STREETS DESIGN GUIDE
City of Boston, Boston Transportation Department
2013

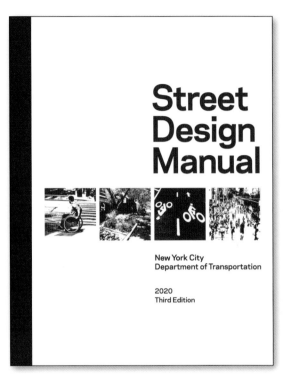

STREET DESIGN MANUAL
New York City Department of Transportation
2020

TORONTO COMPLETE STREETS GUIDELINES
Toronto City Council
2017

STREETSCAPE GUIDANCE
Transport for London
2019

7.2.2 相关街道设计书籍

《城市街道设计指南》
美国国家城市交通官员协会 著，
杨柳，刘大川，胡一可 译
江苏凤凰科学技术出版社，2018-09

《全球街道设计指南》
美国全球城市设计倡议协会，美国国家城市交通官员协会 著，
王小斐，胡一可 译
江苏凤凰科学技术出版社，2018-08

《慢行系统 步道与自行车道设计》
保罗.塞克恩，劳拉.詹皮耶莉，贺艳飞 译
广西师范大学出版社，2016-04

《公共交通街道设计指南》
美国国家城市交通官员协会 著，
刘大川，王冬楠，侯少峰 译
江苏凤凰科学技术出版社，2019-01

7.2.3 相关街道设计报告

ACCESS FOR ALL: GUIDANCE NOTE ON INCLUSIVE STREET DESIGN FOR ASIA AND THE PACIFIC
Lloyd Wright, Melinda Hansion, Michael King, Liu Shaokun, Li Wei, Deng Han, and Lin Xi
2016-12

DESIGN WALKABLE URBAN THOROUGHFARES: A CONTEXT SENSITIVE APPROACH
Institute of Transportation Engineers and the Congress for the New Urbanism
2010-03

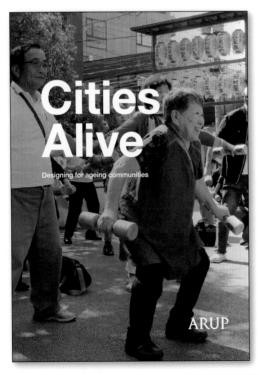

CITIES ALIVE: DESIGNING FOR AGEING COMMUNITIES
Arup's Foresight, Research and Innovation, and Integrated City Planning teams
2019-06

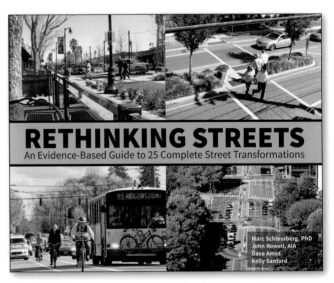

RETHINKING STREETS: AN EVIDENCE-BASED GUIDE TO 25 COMPLETE STREET TRANSFORMATION
Marc Schlossberg, John Rowell, Dave Amos, and Kelly Sanford
2013-11